"一带一路"上的 建筑奇观

乐嘉龙 /编著

中国电力出版社

CHINA ELECTRIC POWER PRESS

内 容 提 要

《"一带一路"上的建筑奇观》是一部内涵十分丰富的青少年科普读物。它以"一带一路"为主线，详尽地介绍了沿途著名城市和建筑，内容不仅涵盖了30余个国家、80多座建筑的历史、技术、艺术，还广泛涉及与这些建筑有关的历史、文化、风土人情以及建筑师们的传奇人生，是一部生动有趣、融科学与人文于一炉的图书。

本书除了简约的文字介绍，还辅以实景照片、珍贵邮票以及作者的手绘画作等多种表现形式，特别是每篇开头作者的手绘建筑画，颇具特色。

本书以中小学生为主要读者对象，也适合对建筑艺术感兴趣的其他读者阅读。

图书在版编目（CIP）数据

"一带一路"上的建筑奇观 / 乐嘉龙编著. —北京：中国电力出版社，2019.1
ISBN 978-7-5198-2308-5

Ⅰ．①一… Ⅱ．①乐… Ⅲ．①建筑艺术－介绍－世界 Ⅳ．① TU-861

中国版本图书馆 CIP 数据核字（2018）第 176626 号

出版发行：中国电力出版社
地　　址：北京市东城区北京站西街 19 号（邮政编码 100005）
网　　址：http://www.cepp.sgcc.com.cn
责任编辑：乐　苑　010-63412380
责任校对：朱丽芳
装帧设计：王红柳
责任印制：杨晓东

印　　刷：北京盛通印刷股份有限公司
版　　次：2019 年 1 月第一版
印　　次：2019 年 1 月北京第一次印刷
开　　本：880 米 ×1230 毫米　24 开本
印　　张：8
字　　数：239 千字
定　　价：48.00 元

　　黑格尔曾说"音乐是流动的建筑，建筑是凝固的音乐"。把建筑比作凝固的音乐，是因为当建筑物质材料合乎规律的组合时，能够给人们以音乐的节奏和韵律的美感。建筑是一种空间造型艺术。本书以"一带一路"为主线，介绍沿途的著名建筑故事，是一本科普图书。以图文并茂的方式介绍建筑历史、建筑技术、建筑艺术以及历史名胜、风土人情、著名建筑师、施工概况以及建筑新技术、新工艺。主要介绍了欧洲的德国、英国、荷兰、比利时、法国、俄罗斯、亚洲的土耳其、伊朗、伊拉克、以色列、泰国、缅甸、尼泊尔、印度、马来西亚、新加坡、柬埔寨和中国，中东非洲的肯尼亚、埃及、沙特、阿联酋，大洋洲的新西兰、澳大利亚等三十余个国家的 80 座著名建筑物。

　　唐乾元三年（760 年）春天，"诗圣"杜甫避战乱于四川，写下了一首脍炙人口的诗篇《茅屋为秋风所破歌》：

……

安得广厦千万间，

大庇天下寒士俱欢颜，

风雨不动安如山！

呜呼！

何时眼前突兀见此屋，

吾庐独破受冻死亦足！

　　这首诗淋漓尽致地表现了诗人在痛苦的生活中，迸发出来的奔放的、激情的和火热的期望，反映了诗人炽热的忧国忧民的情感和迫切要求变革的崇高理想，千百年来一直激动着读者的心灵。

中国在公元前 11 世纪西周初期制造出瓦，约在公元前 4 世纪战国时期发明了砖。砖和瓦的出现使人们开始广泛地、大量地修建房屋和城防工程等设施，建筑技术也由此得到了飞速的发展。直到 18—19 世纪，在长达 2000 多年的时间里，砖和瓦一直是重要的建筑材料，为人类文明做出了巨大的贡献。虽然直到今天，砖和瓦仍被广泛采用，但房屋类型、结构及功用等方面都发生了翻天覆地的变化，有关理论体系也逐渐形成，由经验上升为科学，从而促进了建筑技术更迅速的发展。几乎与其同步，19 世纪中叶以后，相继出现了钢结构、钢筋混凝土和预应力混凝土。这类新型的复合建筑材料的广泛应用，使房屋营建呈现了现代化的特征，这也是建筑技术的又一次飞跃发展。由此可见，每当出现新的优良的建筑材料时，房屋营建就有飞跃的发展。

房屋既给人提供使用的空间，又给人以艺术的感受，同时还给人们增添生活的情趣。房屋也是历史的一种凝结。随着时光的流逝，或许血肉之躯、文字记录等早已不复存在，但房屋却往往以顽强的生命力屹立于历史的洪流中，向人们泄露某个时代的秘密。悠久、驰名的房屋，往往成为某时、某地、某人或某事的象征和标志，令世人景仰和流连。

世界各国、各民族的房屋建筑形式各具特色，发展历史也有很大的差异。在有限的篇幅里，我们用比较灵活的编排方式，讲述了一些有代表性的房屋的发展历史、建筑技术和建筑艺术，以期使朋友们对房屋乃至其他建筑物的演进过程有一个粗略的印象，从而热爱建筑事业。或许其中也有一些人将来会投身其中，争做一流的建筑师和工程师，为振兴中华添砖加瓦，营建出更多的高楼大厦。对于本书的出版，陈芳烈先生给予很大的支持和帮助，同时在文字修订过程中也给予了反馈并提出很好的建议，再此表示衷心的感谢。

限于时间和作者水平，疏漏和不妥之处在所难免，恳请广大读者批评指正。

乐嘉龙

2018 年 7 月

Contents 目录

第一章

"一带一路"的城市与建筑概述

远古建筑的旋律，
近代建筑的交响

历史上的丝绸之路主要用途是商品互通有无,今天的"一带一路"交流合作范畴要大得多。各类合作项目和方式,都旨在将政治互信、地缘比邻、经济互补的优势转化为务实合作、持续增长的优势,实现目标物畅、政通人和、互利互惠、共同发展目的。

"一带一路"的版图中有三个走向,"一带"是指丝绸之路经济带,是在陆地从中国出发,一是经中亚、俄罗斯到达欧洲;二是经中亚至波斯湾、地中海;三是到东南亚、南亚、印度洋;"一路"指的是"21世纪海上丝绸之路",重点方向为两条,一是从中国沿海港口经南海到印度洋,延伸至欧洲;二是从中国沿海港口经南海到南太平洋。

纵观"一带一路"沿线国家,既具有丰富多彩的人文景观、历史沉淀,也有造型各异的建筑与城市设施。这些建筑有的方正敦实;有的细瘦挺拔;有的造型别致,颇有趣味,构成了立体的美、线条的美与和谐的美。这些建筑包含了悠久的历史和深厚的人文情怀,不仅给人们提供了使用空间,也给人以艺术的感受,同时还给人们增添了生活情趣。一座美的建筑,通过其造型,与自然和环境有机结合,与周围景观互相衬托,互相辉映,使人感到赏心悦目,心旷神怡。建筑真是凝固的乐章。

建筑科学与城市规划是一门内容范畴广泛的学科,是介于技术与艺术之间的科学。建筑科学与城市规划是最古老的学科之一,人类在很久以前就开始运用建筑技术,建造房屋规划城市,以创造良好的生存环境。随着科学技术的发展,高新技术在建筑与城市规划领域得到广泛应用,建筑设计与施工技术发展迅速,新技术、新材料、新工艺得到广泛的应用。人类应用各种手段,采用现代的施工方法,创造了优美舒适的生活居住环境,快捷方便的交通设施,改变了建筑与城市乡村的面貌。

本书从建筑与城市的角度来解读"一带一路"倡议,用它来讲建筑的历史、城市的沿革、建筑技术和建筑艺术,展现了美轮美奂的古代建筑和争奇斗艳的现代建筑。

第二章

历史悠久的中国建筑与文化

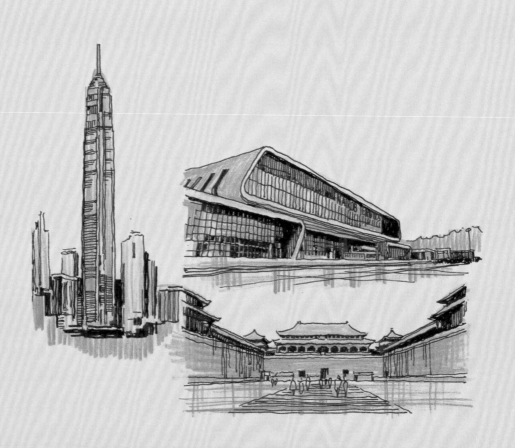

2.1   雄伟壮观的紫禁城
——北京故宫

　　北京故宫，旧称紫禁城，入选了世界文化遗产名录。故宫于明代永乐十八年（1420）建成，曾有数十位皇帝在此居住。明代的北京城呈双龙布局，其中故宫恰似陆龙的九骨龙身。现在故宫处在北京市的中心地区。它的西北部是著名的北海，西南边是中南海；东面是王府井大街；北面是景山，也就是明崇祯皇帝自缢的地方。整个宫廷的四周是 10 米高的红围墙，紫禁城因此得名。紫禁城围墙长 3400 米，城外有一条围长 3800 米的护城河。

在我国古代宫廷建筑中，故宫是保存得最完整的。它是明清两代的皇宫。明朝有 12 位皇帝在这里居住过，清朝先后有 10 位皇帝在这里居住过。故宫规模之大，风格之美，建筑之辉煌，陈设之豪华，都是世界上少有的。宫殿和庭院共占地 72 万平方米。

从总的布局来说，故宫分前后两大部分，俗称外朝和内廷。前部主要是宫殿，以太和殿、中和殿、保和殿三大殿为中心，以文华殿、武英殿为两翼。后部由乾清宫、坤宁宫和东西六宫组成，是皇帝和后妃居住的区域，在清代也作为皇帝日常活动的地方。宫殿的建筑群外围，用 10 米高的紫禁城和 52 米宽的护城河围起来。

故宫在建筑布置上用形体变化、高低起伏的手法，组合成一个整体。在功能上符合封建社会的等级制度。建筑群像一幅千门万户的绘画长卷，具有奇特的艺术效果。紫禁城的正门叫午门，在 10 米高的城墙墩台上有一组建筑。正中是九间面宽的大殿，在两侧的城墙上建有楼阁，四角各有高大的角亭。这组建筑巍峨壮丽，是故宫殿群中的突出点。在午门以内有广阔的大庭院，当中有弧形的内金水河横流东西，北面就是外朝宫殿大门——太和门。金水河上有五座桥梁，装有白色汉白玉栏杆，随河婉转，形似玉带。登上太和门，在 30000 多平方米的开阔庭院中，一座大殿堂——太和殿出现在眼前。太和殿和中和殿、保和殿前后排列在一个 8 米高的工字形基台上，基台三层重叠，每层周围都用汉白玉雕刻的各种构件垒砌，造型优美。

在三大殿之后，有一片广场，正北是内廷宫殿的大门——乾清门，左右有琉璃照壁，门前金狮金缸相对排列。门里是后三宫。乾清宫是皇帝的寝宫。坤宁宫在后，是皇后的寝宫。在两宫之间夹立着一座方殿，名叫交泰殿，是内廷的小礼堂。皇后每年过生日的庆典都在这里举行，清代的"宝玺"（印章）也藏在这里。

故宫前部宫殿宏伟壮丽，庭院明朗开阔，象征着皇权的至高无上。后部内廷要求庭院深邃，建筑紧凑，因此东西六宫，都自成一体，各有宫门宫墙，相对排列，秩序井然。

内廷之后是宫后苑，后苑里有岁寒不凋的苍松翠柏，有秀石垒砌的玲珑假山，楼阁亭台掩映其间，幽美而恬静。

2.2　绚丽的皇家花园
——北京颐和园

颐和园的布局是怎样开始的呢？颐和园的正门叫东宫门，入门穿过一层院落便到了仁寿殿，这里是当年皇帝理事的地方。从南边绕过大殿，先看见一座土山横亘在面前，中间留有一条曲径。我们顺路而行，转过第一道弯，只见颐和园里最大的建筑——佛香阁在绿树丛的枝叶间时隐时现，好像在向每一位进入颐和园的人打招呼。心弦撩动之际，再转过一道弯，眼前便豁然开朗，原来我们已经到了昆明湖边。登上万寿山，全园的湖光山色尽收眼底。

这土山的位置正是全园的妙笔。它先挡住人的视线，不使全园景色一览无余；然后通过曲径略展一角，撩人心弦；最后才突然展开全貌，使人心情为之一振。园林中的曲折入口并不多见，苏州拙政园、曹雪芹笔下的大观园都是迎门挡以假山的。可是这里在遮挡之中还要"微露"，而所露的又恰恰是全园最美的主题。这种"犹抱琵琶半遮面"式的开篇词真可谓独具匠心。

知春亭在昆明湖东部近岸的小岛上，有朱栏小桥与岸相连。此桥的处理颇有技巧。一踏上桥头，正好欣赏到亭子的全貌。但桥的走向并非与亭正对，而是故意稍斜。由此角度

望去，飞檐翼角就更显得生动轻盈。当行至桥尽端，视野便无法览及全亭了。这时你将发现隔亭正对玉泉山，于是亭子成了一个画框，透过它我们可以看到碧波尽处有一带柳堤，后面冈峦起伏，玉泉山亭亭玉立，再后又是一幅多么令人陶醉的图画啊！八里之外的玉泉山塔经过巧手安排，也被"借"到了园中，颐和园的景色顿时倍增光彩。

在此处堆岛建亭是经过仔细推敲的。由此环顾四周，宛如一幅构图严谨的山水横轴画。画卷北起乐寿堂前的水木自亲宫门，粉墙漏窗，倒影闪烁；接着是逐渐高起的万寿山，林木葱郁如浓墨重彩，金碧辉煌的佛香阁突出山顶，形成画面的高潮；接下去，玉泉山的轮廓和万寿山顺势衔接，像是其余脉；视线到西堤六桥，桥亭出水，长堤卧波；经这段疏朗画面之后，望见南湖岛、十七孔桥，红墙绿树争艳，白桥碧水映辉，正是一个绚丽的尾声。知春亭是欣赏颐和园全景的最佳位置。

万寿山前山以对称的布局形成它雄伟壮丽的宫苑气派。佛香阁是构图中心，雍容华贵、位置显赫，像是气宇轩昂地顾盼着全园。排云殿、智慧海等在它前后笔直地排成一线，形成一条明确的中轴线，其他建筑在中轴线左右均衡排列，显示了对佛香阁的簇拥之感。它们散落在绿树丛中，在构图中尚缺乏联系。正是那蜿蜒700多米的长廊，东西横括全山，如彩带系珠，把它们连成一体，更加明确地衬托出佛香阁的主体地位。

2.3 水石亭台小桥曲径
——巧夺天工的江南园林

江南一带有许多精致秀丽的古曲园林，这些园林原属于封建士大夫阶级的第宅庭园，供极少数人游乐。它们以小巧精致、平易怡人见称于世，形成了一种不同于帝王离宫苑囿的独特风格。

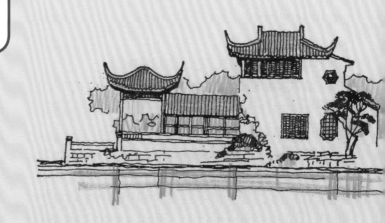

苏州拙政园

苏州留园

江南一向是经济发达的地区，在自然条件上，可谓得天独厚：水道纵横，湖泊罗布，山石易得，气候温润，土地肥沃，草木华滋，为兴建园林提供了有利的条件。东晋顾辟疆在吴郡建造了园林。五代时吴越钱镠父子据杭州，其子广陵王元璙镇守苏州，好治林圃，他的部下也相与营建园林。南宋时江南园林以吴兴为最盛，在《吴兴园林记》中记录了园林34处。苏州、杭州是官僚集中的地方，也是园林胜地。到了明清，由于科举登仕途之风大盛，促使大量新官僚产生，江南地区更是文人荟萃的地方，因此，私家园林的分布更广，数量更多，造园活动到了登峰造极的地步。至今保存得多而完整，布局结构最精致的，要数苏州古典园林了。

江南园林是我国古典园林中的一支重要流派，在建筑艺术上发挥了很高的技巧。它有哪些主要特色呢？

江南园林的所有者爱好闲静舒适的居住环境，能于徜徉间寄于自然景物。为了达到虽居城市而有山林之趣的目的，便在居住的宅第之外种花植树，进而疏池叠石，建置一座极其幽曲而富于变化的园林。这些园林有的以水而胜，令人如置身江湖之上；有的以山石胜，令人如置身幽谷；有的以林木胜，如置身森林之中；有的以花卉胜，如置身于花海。

江南园林布局"如作诗文，曲折有法"，在有限的土地上，以人工营造出自然界美丽景色。古代匠师利用自然、顺应自然，将水石亭台、厅堂楼阁、花墙游廊、小桥曲径巧妙地安排在方寸土地上，造出了千岩万壑、清潭碧流、风景如画的"咫尺山林"。游人漫步园中，景随步异，观之不尽。园林虽处闹市，夹在密集的房屋中间，却"片山有致，寸石生情"，犹如山河湖的一角，隔绝尘嚣，别有天地。

江南气候湿热，园林的风格与色彩都以轻巧淡雅为主，在以青绿色为主的自然背景中点缀秀茂的花木、玲珑的山石、柔媚的流水，其间配置轻盈玲珑的建筑物。建筑物多用大片的粉墙为基本色调，配以黑灰色的瓦片和褐色的梁柱，在白墙上衬以水磨砖所制的灰色门框、窗框，组成异常温和素净的色调，造成既有适当对比，又能统一调和的效果，给人以幽曲而不沉郁、秀丽而不华靡、精巧而不绚烂的感觉。

2.4 最古老的木塔
——山西应县释迦塔

释迦塔全称佛宫寺释迦塔，位于山西省朔州市应县县城西北佛宫寺内，俗称应县木塔。应县木塔建于辽清宁二年（1056），金明昌六年（1195）增修完毕，是我国现存最高最古的一座木构塔式建筑，应县木塔为全国重点文物保护单位。它与意大利比萨斜塔、巴黎埃菲尔铁塔并称世界三大奇塔。塔高 67.31 米，底层直径 30.27 米，呈平面八角形。全塔耗材红松木料 3000 立方米，约 2600 多吨，纯木结构，无钉无铆。

释迦塔位于寺南北中轴线上的山门与大殿之间，属于前塔后殿布局。塔建造在 4 米高的台基上。第一层立面重檐，以上各层均为单檐，共五层六檐，各层间夹设有暗层，实际是九层。因底层为重檐并有回廊，所以塔的外观为六层屋檐。各层均用内、外两圈木柱支撑，每层外有 24 根柱子，内有 8 根，木柱之间使用了许多斜撑和短柱，组成不同方向的复梁式木架。该塔塔身底层南北各开一门，二层以上设平座栏杆，每层装有木质楼梯，游人逐级攀登，可达顶端。2～5 层每层有四门，均设木隔扇。一层为释迦牟尼像高 11 米，内槽墙壁上画有六幅如来佛像。二层坛座方形，上朔一佛二菩萨。塔顶做八角攒尖式，上立铁刹。塔每层檐下装有风铃。释迦塔的设计，大胆继承了汉、唐以来富有民族特点的重楼形式，充分利用传统建筑技巧，广泛采用斗拱结构。

从结构上看，一般古建筑都采取矩形、单层六角形或八角形平面。木塔是采用两个内外相套的八角形，将木塔平面分为内槽和外槽两个部分。内槽供奉佛像，外槽供人员活动。内外槽之间又分别由地栿、阑额、普拍枋和梁、枋等纵向横向相连接，构成了一个刚性很强的双层套桶式结构。这样，就大大增强了木塔的抗倒伏性能。每两层之间都设有一个暗层。这个暗层从外看是装饰性很强的斗拱平座结构，从内看却是坚固刚强的结构层，建筑处理手法极为巧妙。在历代的加固过程中，又在暗层内非常科学地增加了许多弦向和经向斜撑，组成了类似于现代的框架构层。这个结构层具有较好的力学性能有了这四道圈，大大增强了木塔的强度和抗震性能。斗拱是中国古代建筑所特有的结构形式，靠它将梁、枋、柱连接成一体。由于斗拱之间不是刚性连接，所以在受到大风地震等水平力作用时，木材之间产生一定的位移和摩擦，从而可吸收和损耗部分能量，起到了调整变形的作用。除此之外，木塔内外槽的平座斗拱与梁枋等组成的结构层，使内外两圈结合为一个刚性整体。释迦塔设计有 54 种形态各异、功能有别的斗拱，是中国古建筑中使用斗拱种类最多，造型设计最精妙的建筑，堪称一座斗拱博物馆。

2.5 光彩夺目的艺术宝库
——甘肃敦煌莫高窟

　　莫高窟，俗称千佛洞，坐落在河西走廊西端的敦煌。它始建于十六国的前秦时期，历经十六国、北朝、隋、唐、五代、西夏、元等朝代的兴建，形成巨大的规模，有洞窟 735 个，壁画 4.5 万平方米、泥质彩塑 2415 尊，被国务院公布为第一批全国重点文物保护单位之一。1987 年，莫高窟被列入世界文化遗产。敦煌莫高窟与山西大同云冈石窟、河南洛阳龙门石窟以及甘肃天水麦积山石窟合称为中国四大石窟。

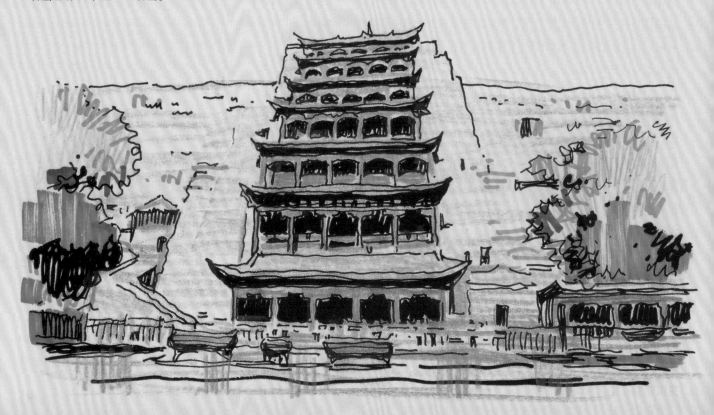

莫高窟，是我国四大石窟艺术宝库之一，被誉为 20 世纪最有价值的文化发现，以精美的壁画和塑像闻名于世。莫高窟的艺术特点主要表现在建筑、塑像和壁画三者的有机结合上。窟形建制分为神窟、殿堂窟、塔庙窟、穹隆顶窟、影窟等多种形制；彩塑分贺塑、浮塑、影塑、善业塑等；壁画类别分尊像画、经变画、故事画、佛教史迹画、建筑画、山水画、供养画、动物画、装饰画等不同内容，系统反映了十六国、北魏、西魏、北周、隋、唐、五代、宋、西夏、元等多个朝代及东西方文化交流的各个方面，成为人类稀有的文化宝藏。莫高窟还是一座名副其实的文物宝库。在藏经洞中就曾出土了经卷、文书、织绣、画像等 5 万多件，艺术价值极高。可惜由于当时社会动荡，加上道士的疏于管理，这些宝藏几乎被悉数盗往国外。现在莫高窟对面的三危山下，敦煌研究院承建了敦煌艺术陈列中心，仿制了部分原大洞窟，使游客在莫高窟的观赏内容更加丰富多彩。

现存 500 多个洞窟中保存有绘画、彩塑，按石窟建筑和功用分为中心柱窟、殿堂窟、大像窟、禅窟、僧房窟、影窟等形制，还有一些佛塔。窟形最大者长 40 余米、宽 30 米，最小者高不足盈尺。从早期石窟所保留下来的中心塔柱式这一外来形式的窟形，反映了古代艺术家在接受外来艺术的同时，加以消化、吸收，使它成为我国民族形式。其中不少是现存古建筑的杰作。在多个洞窟外存有较为完整的唐、宋木质结构窟檐，是不可多得的木结构古建筑实物资料，具有极高的研究价值。

莫高窟是古代中西方交通的必经之道，也是古代丝绸之路的重要节点，它起到了东西方交流的纽带作用。

2.6   海上丝绸之路的历史见证
——福建泉州清真寺

泉州清真寺又名艾苏哈卜清真寺，俗呼清真寺，位于福建省泉州市涂门街中段，占地面积约 2500 平方米，创建于北宋大中祥符二年（1009），伊斯兰历 400 年，是阿拉伯穆斯林在中国创建的现存最古老的伊斯兰教寺院。1961 年被列为第一批全国重点文物保护单位。

清真寺是伊斯兰教寺院。我国的伊斯兰教是由外国传入，随着该教的传播，清真寺也在各地兴建，现存最早的清真寺便是福建泉州的清真寺。元至大三年（1310）波斯国设拉子城人贾德斯重修扩建。据中文石碑记，元至正十年（1350）和明万历三十七年（1609）两次重修。它是我国现存最早，独具古阿拉伯伊斯兰建筑风格的清真古寺，今又列为中国的十大名寺之一；是国内唯一用花岗岩和辉绿岩建造的典型的阿拉伯中亚风格的清真寺。现存建筑主要有寺门、奉天坛和明善堂。

临街的寺门为典型的中亚风格，由一面立墙和一个带有

双凹半穹顶的门廊，以及连接有半穹顶的甬道构成。原寺通高 13 米以上，后由于路面抬高约 1.5 米，故地面到寺顶通高 11.4 米。门宽 6.6 米。门楼高耸挺拔，全部用加工严整的花岗岩和辉绿岩砌叠而成。门顶由四大拱门构成内、中、外三层。门顶成穹庐向上尖拱，桃尖形曲线，拱门内半穹隆以放射线及蜂巢状图案装饰，与我国古代建筑的藻井石雕图案类似。顶盖采用中国传统的莲花图案，表示伊斯兰教崇尚圣洁清净。寺门内有一块明永乐五年（1407）刻有《永乐上谕》的石刻，是明成祖朱棣颁发保护伊斯兰教寺院的文告，至今完好无损地嵌置于寺北的墙壁上。谕令：所在官员军民一应人等，毋得慢侮欺凌，取有故违，以罪之。从皇帝的敕谕来看，当时阿拉伯人的宗教信仰在泉州是颇受尊重的。寺门北面第三中门门楣上，镌有两块横列古体阿拉伯文石刻。门楼正额横嵌阿拉伯记文浮雕石刻。

泉州清真寺是我国现存最早的伊斯兰三大教寺之一，是泉州发展海外交通贸易的重要史迹，是中国与阿拉伯各国友好交往的历史见证。也是闻名中外的旅游景点，被列为世界回教学术界研究的对象，迄今仍是泉州回教徒用作礼拜，或是嫁娶婚礼举行之处。

2.7 富有东方神韵的中国建筑
——中国古建筑的辉煌成就

　　中国古代建筑在世界建筑史上有着重要地位。我们的祖先和世界上其他古老民族一样，在上古时期都是用木料和泥土建造房屋。随着生产力和科学技术的发展，很多民族逐渐以石料代替木材，唯独我国以木材为主要建筑材料延续了数千年之久，形成了世界古代建筑中的一个独特的体系。

中国古代建筑对亚洲各国的影响

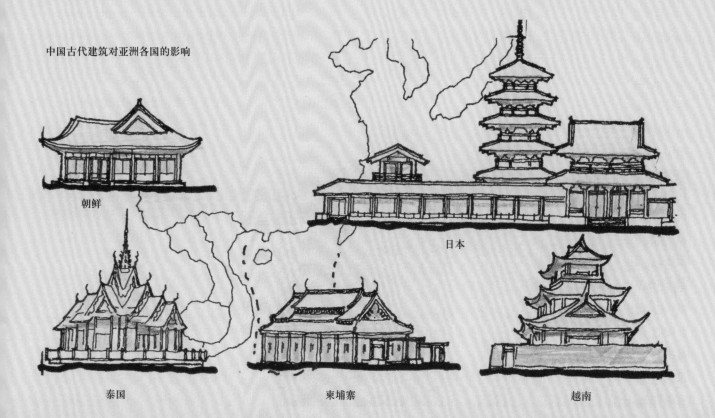

朝鲜

日本

泰国

柬埔寨

越南

中国古代建筑在技术和艺术上都具有很高的水平，形式丰富多彩而又具有统一的风格。它除了在国内各民族、各地区中广为传承之外，历史

上还曾影响到日本、朝鲜、尼泊尔、柬埔寨、泰国、越南等国，传播的范围很广。

中国古代建筑主要是采用木结构。木构架是屋顶和墙身部分的骨架，它的基本做法是以立柱和横梁组成构架，四根柱子组成一间，一栋房子由几个单间组成。斗拱是中国古建筑中重要构件，它还是建筑模数的基本单位。研究中国古代建筑，常以斗拱作为鉴定建筑年代的主要依据。中国古代建筑还综合运用绘画、雕刻、书法等方面的成就，如额枋上的匾额、柱上的楹联、门窗上的棂格等。

朝鲜建筑受中国建筑的影响比较早，公元6世纪建造的平壤西南龙冈郡的双楹冢，是仿中国木构形式的建筑。13世纪，朝鲜独立统一，在首尔、平壤、开城等地建造了城墙和城楼，如首尔的南大门、平壤的普通门和大同门，屋顶采用了重檐的形式，与中国城楼建筑形式很相近。

日本建筑在平面、结构、造型、装饰等方面，都吸收了中国建筑艺术的特点，保留着唐代建筑的风格。日本建筑没有中国建筑那样的雄伟壮丽，也没有朝鲜建筑那样豪壮粗犷，它以洗练简约、幽雅洒脱见长。日本建筑匠师是使用各种天然材料的能

手，竹木、草树、泥石和毛石，不仅合理地使用于结构和构造之中，发挥物理上的特性，而且充分展现它们质地和色泽的美。竹节、木纹、石理经过匠师们的精心安排，都以纯素的形式交汇成日本建筑的魅力。

尼泊尔建筑受中国西藏建筑的影响，在风格上与西藏建筑相近，木构架结构以砖石为外墙的藏碉式房屋到处可见。在巴特冈的丢巴广场上有一座高耸的塔是印度风格的，而前面的神堂则是中国西藏建筑风格。

柬埔寨建筑艺术受中国、印度、泰国的影响，具有多种风格。柬埔寨建筑常采用纵横两个轴线完全对称的布局，台基周边围着一道柱廊，用石材建筑，采用中国木构架的形式，双坡起脊屋顶，使建筑显得古朴典雅。

越南、泰国的建筑也受到中国建筑的影响，在布局和造型上有很多的共同点。

除亚洲国家外，早在17世纪，英国已有介绍中国建筑专著《中国风的农家建筑》。

2.8　奥运遗产"鸟巢"
——北京奥运会主体育场

　　国家体育场俗称"鸟巢",位于北京奥林匹克公园中心区南部,为 2008 年第 29 届奥林匹克运动会的主体育场。工程总占地面积 210000 平方米,建筑面积 258000 平方米。场内观众坐席约为 91000 个,其中临时坐席约 11000 个。是举行北京奥运会、残奥会开闭幕式,田径比赛及足球比赛决赛场馆。奥运会后成为北京市民广泛参与体育活动及享受体育娱乐的大型专业场所,并成为具有地标性的体育建筑。

　　主体育场是奥运会最重要的场馆,通常都称为奥林匹克体育场。2008 年奥运会的开幕式、闭幕式、田径比赛和部分足球比赛都在这里进行。奥林匹克圣火也在主体育场醒目的位置燃烧直到奥运会结束。

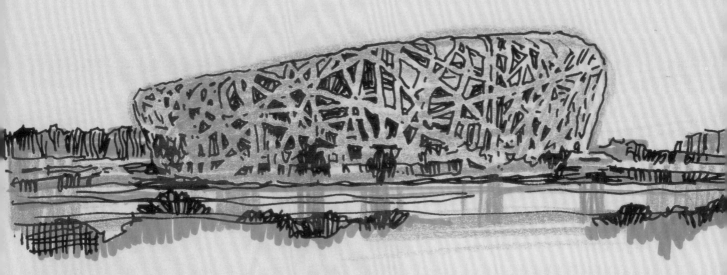

　　"鸟巢"由 2001 年普利茨克奖获得者赫尔佐格、德梅隆与中国建筑师李兴刚等合作完成的巨型体育场设计，形态如同孕育生命的"巢"。它更像一个摇篮，寄托着人类对未来的希望。设计者们对这个国家体育场没有做任何多余的处理，只是坦率地把结构暴露在外，因而自然形成了建筑的外观。绿色、科技、人文三大奥运主题精神和中国传统建筑文化相融合，单纯形态的建筑跃起的屋顶、单坡式看台、生机勃勃的集会场所、自身力学平衡的结构体系和自然的生态环境共生装置等，体现了对奥运的建筑语言化。

　　体育场看台为单坡式设计，使观众能拥有最大的视角范围；主席台和贵宾坐席的"波状看台"也是世界首创，临时观众坐席被设置在可开启屋顶的"翼"上。主平面上的各种人员流线都进行了精心的考虑，区别于传统的体育场，保证各种流线不交叉。在单波看台顶部设置空中回廊，以便环游整个看台的上部。

　　奥运会后，鸟巢可以承担重大体育比赛、各类常规赛事以及非竞赛项目活动，是北京奥运会留下的宝贵遗产。

2.9　北京的新地标
——中国尊大厦

中国尊大厦位于北京商务中心区，是北京市最高的地标建筑。尊，古之礼器，意为敬奉，起时双手捧到顶，行顶天立地之势。所以设计者以"中国尊"为北京第一高度建筑的名称，寓意建筑高耸直入云端，表现出顶天立地之势，与"尊"的内涵不谋而合。而且以尊为建筑形态，有别于北京超高层建筑常见的直线形态，使这一建筑矗立在 CBD 核心的摩天楼群中也能明显体现出庄重的东方神韵。当然，"中国尊"的意味不光体现在建筑的形态上，也由于其位于特殊的地理位置和身负北京第一高度的重任。因此其建筑本身也具有"尊"的内涵，在以世界级城市为发展目标的北京 CBD 核心区内城市最高地标性建筑取"尊"之意，寓意这座建筑是以"时代之尊"的显赫身份奉献"华夏之礼"。中国尊的建筑设计方案在竞标中是以评审总分第一名的成绩脱颖而出的。能够受到如此青睐，不仅在于建筑形态的大气之美，符合中国人儒学的审美观，同时又不失时尚之气，因此被很多专家高度评价为极具中国审美，又体现出世界潮流的当代建筑风格。

按照规范的要求进行设计，并将进一步的设计中探索了电梯辅助疏散的可行性。此外，"中国尊"不仅突破了现有北京建筑的高度，同时也引领了高端先进的建设理念。低碳环保的设计贯穿于"中国尊"的各个细节中，并将会在未来的建筑深入设计中明确具体的方案，以在照明、散热、保湿、用水、垃圾处理、通风等各个方面进一步降低能耗。

中国尊建筑高度 528 米，地上 108 层，地下 7 层，容纳办公、公寓、酒店三大功能，地下则会有商业，与 CBD 其他地块的环形商业空间和连接地铁的步行环廊连通。其中大厦顶部的几个楼层设置了可对公众开放的特色餐厅和酒吧，而最高层的顶部为全玻璃幕墙。外观曲线优美，也符合功能要求，充分考虑了超高建筑的安全性需要。高度 528 米的"中国尊"由灵动的弧线构成，虽然高大，却不失婉约，简单的建筑线条看起来极具以柔克刚的效果。如此的设计不仅是为了追求耐看的视觉审美效果，同时也是出于构建设合理建筑结构的考虑。曲线的以柔克刚，这"刚"指的就是北京春秋冬三季刚劲的风，弯曲的立面和接近圆弧形的边角平面有效减少风荷载，楼塔顶透气/雕塑式的设计能减少顺风向和横风向荷载及加速度。"中国尊"在设计中充分考虑了这些因素，使用了有利的空气动力形状，如选择适当的平面形状、弯曲的立面及改良边角细节。这些方法已证实能有效地减少风荷载，并已实际应用在一些超高层建筑的设计中。

这一超高层建筑在人员疏散和绿色设计上也很有特点。"中国尊"的疏散楼梯，疏散路线宽度和疏散距离都是严格

2.10   上海之巅
——浦东上海中心大厦

  上海中心大厦位于浦东，建筑主体118层，高632米，是上海最高的建筑。

  上海中心大厦作为一幢综合性超高层建筑，以将建造中心大厦作为中国建筑实力的高度体现为
主，其他业态有会展、酒店、观光娱乐、商业等。大厦分为五大功能区，包括大众
商业娱乐区域，低、中、高办公区域，企业会馆区域，精品酒店区
域和顶部功能体验区域。其中"上海之巅"既是功
能体验区，又有城市展示观看台、

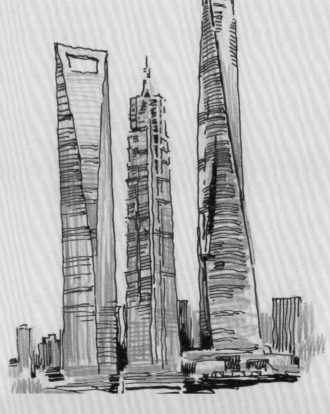

娱乐、VIP 小型酒吧、餐饮、观光会晤等功能。另外，在大厦裙房中还设有可容纳 1200 人的多功能活动中心。此外，2~8 区每区的底部每隔 120° 就有一个由双层幕墙组成的空中大堂。全楼共有 21 个这样的空中大堂，大堂内视野通透，城市景观尽收眼底，为人们提供了舒适惬意的办公环境和社交休闲空间，以及日常生活所需的配套服务。大厦位于地下二层的公共通道连接地铁 2 号线及在建中的 14 号线，并与金茂大厦、环球金融中心及国金中心相互连通。

　　"上海之巅"观光厅位于上海中心第 118 层，垂直高度 546 米，面积千余平方米，呈三角环形布局，包裹落地超大透明玻璃幕墙，可 360 度俯瞰上海城市景观。游客可从位于上海中心大厦西北角的"上海之巅"售票厅购买门票后，从

地面的观光主入口抵达 B1 层"上海之巅"观光厅序展区，这里设置了形式多样新颖的互动展项，参观完序展区后，游客将经自动扶梯下至 B2 层，前往搭乘超高速电梯，只需 55s 即可直达 546 米高空，开启巅峰之旅。

　　上海中心大厦最大特点是采用了很多节能环保的绿色建筑技术，达到绿色环保的要求。在主楼顶层布置了 72 台 10kW 的风力发电设备，对冷却塔进行围护以降低噪声，而绿化率将达到 31.1%。主要的技术指标包括：室内环境达标率 100%；综合节能率大于 60%；有效利用建筑污水资源，实现非传统水源利用率不低于 40%；可再循环材料利用率超过 10%；实现绿色施工；实现建筑节能减排目标。上海中心大厦的造型也极大程度地满足了节能的需要。它摆脱了高层建筑传统的外部结构框架，以旋转、不对称的外部立面使风载降低 24%，减少大楼结构的风力负荷，节省了工程造价。同时，与传统的直线形建筑相比，上海中心大厦的内部圆形立面使其眩光度降低了 14%，且减少了能源的消耗。

2.11　节节升高的超高层建筑
——香港中国银行大厦

　　香港中国银行大厦（以下简称中银大厦），由贝聿铭建筑师事务所设计，1990 年完工。总建筑面积 12.9 万平方米，地上 70 层，楼高 315 米，加顶上两杆的高度共有 367.4 米。建成时是香港最高的建筑物，也是美国地区以外最高的摩天大厦。结构采用 4 角 12 层高的巨型钢柱支撑，室内无一根柱子。仔细观察中银大厦，会发现许多贝氏作品惯用的设计，以平面为例，中银大厦是一个正方形平面，对角划成 4 组三角形，每组三角形的高度不同，节节高升，使得各个立面在严谨的几何规范内变化多端。至于这种平面设计的概念，可以追溯至 1973 年的马德里大厦。马德里大厦也是以方正的正面做多边的分割，分析其组合，乃系两个平行四边形的变化。外形像竹子一样"节节高升"，象征着力量、生机、茁壮和锐意进取的精神；基座的麻石外墙代表长城，代表中国。

　　中银大厦造型独特，清洁维护需要特殊的设计配合，因为建筑物没有平台，清洁工作台得藏在第 18、31、44 层与第 69 层的机械房内，操作时，工作台由特别设计的窗门出入，斜面的部分与喷泉地大厦的方法相同，在斜面周边加长以增加安全性。一幢建筑施工完成并不意味着结束，日久天长的维护工作随着业

铜塑，对着的两个巨大青铜像在灰色的花岗岩衬托下，甚是抢眼，铜塑的位置正是到香港观光胜地山顶缆车必经之处，就整个敷地计划而言，颇有点睛之妙。贝氏从事敷地计划，未按香港一般的惯常方式将建筑盖满整个基地，而是用心地在东西两侧规划了庭园，为人挤楼拥的香港创造了精致的室外空间，诚乃可贵之举。

主迁入而开始，建筑师有责任借着良好的设计为业主考虑，中银大厦是一个典范。中银大厦有个三层楼高的石质墩座，其上是玻璃帷幕墙楼层，这点是贝氏作品的特例。通常贝氏设计的高楼，由底至顶通体只用一种建材，墩座是应基地的斜坡而设计，同时希望借着厚重的石材，增强稳定的感觉，墩座部分的窗框呈"门"形，在窗底加一横石，而非四边连续呈"口"形（相同的窗框出现在好莱坞的艺人经纪中心）。石柱顶端的四方菱白色石饰，则可在巴黎的卢浮宫与北京香山饭店见到。第17层与第70层的遮阳设施，同样地曾用于华盛顿国家艺廊东厢；大厦南大门两侧的灯座，使人想到了东海大学校区内的类似设计。这些似曾相识的建筑与元素乃是经过历炼的设计结晶，凡能经得起考验的，就是历久弥新的设计，这就是贝氏作品隽永的原因。大厦东西两侧各有一个庭园，园中有流水、瀑布、奇石与树木。流水顺着地势潺潺而下。水在此具有双重意义，实质方面，水声可以消除周围高架道路的交通噪声，另一方面水流生生不息，隐喻财源广进，象征为银行带来佳运。西南处耸立朱铭的"和谐相处"

2.12　高科技的汇丰大厦
——香港汇丰总行大厦

　　香港汇丰总行大厦，位于香港中环，夹在皇后大道中和德辅道中之间，邻近皇后像广场、渣打银行大厦，接近港铁中环站。由著名建筑师福斯特设计，从构思到落成历时 6 年。整座建筑有 46 层楼面及 4 层地库，总高 180 米。

　　1976 年 6 月，汇丰银行从美国、澳大利亚、英国和中国香港请了七名建筑师进行新楼设计。福斯特的方案是在包括巴拿丹拿以及赛得勒等七个著名建筑事务所的竞赛中选出的。大楼底部完全开敞，自动扶梯从二楼延伸下来，人员即由扶梯往上进入大楼，楼内空间也尽量开通。这座大楼处处

方案。整个地上建筑用四个构架支撑，每个构架包含两根桅杆，分别在五个楼层支撑悬吊式桁架。桁架所形成的双高度空间，成为每一层楼层的焦点，同时还包含了流通和社交的空间。每根桅杆是由四根钢管组合而成，在每层楼使用矩形托梁相互连接。这种布局使桅杆达到最大承载力。同时把桅杆的平面面积降到最小。既然从大楼的外侧可以看见构架，设计团队自然想干脆把基本结构也暴露出来，不过基于耐久性和抵抗力的需要，还是必须加上一层保护，因此自然得做某种形式的覆面。

显示现代技术的成就，属于"重技派"建筑风格。这种建筑虽然不另加装饰，但实际造价相当昂贵。这些著名的高技术派建筑的共同特点是充分袒露结构，显示多种机电设备的本来形状，让人没有突兀的感觉。同时，整幢楼的外观丰富多变，与传统的摩天大楼迥然不同，八组参差的组合柱仿佛有贯穿苍穹的气魄，使人联想到哥特风格；而对称的格局又使它庄重典雅，具有古典主义的味道；不时从庭院平台上悬垂的绿叶则表现着自然的意趣，人文自然的气息于无声处浅浅滋润着原本有些刚硬的外部线条。它巍峨矗立，有大都市建筑的风度，又变幻多姿，不失乡土气息，与香港这个充满朝气与独特情怀的城市风情相得益彰。

整个设计的特色在于内部并无任何支撑结构，可自由拆卸。所有支撑结构均设在建筑物外部，使楼面实用空间更大。而且玻璃幕墙的设计，能够善用天然光；地下大堂门向着正南正北，冬暖夏凉。其设计灵活，可按实际需要轻易进行扩建工程而不影响原有楼层。楼内还有一部文件运输带，可每天自由传送数吨重的文件。建筑重点是"衣架计划"的设计

第三章

精美绝伦的亚洲、大洋洲建筑

3.1　万隆精神永存
——印度尼西亚万隆会议会场

万隆会议，又称第一次亚非会议，召开于 1955 年 4 月 18 日～ 4 月 24 日，是部分亚洲和非洲的第三世界国家在印度尼西亚万隆召开的国际会议，也是亚非国家第一次在没有殖民国家参加的情况下讨论亚非事务的大型国际会议。中国总理周恩来率代表团参加。

1954 年 6 月，周恩来总理访问印度和缅甸，在中印和中缅两国总理会谈的联合声明中一致同意，并共同倡导将互相尊重主权和领土完整，互不侵犯，互不干涉内政，平等互惠和和平共处五项原则作为处理国家关系的准则。和平共处五项原则的公布，受到国际舆论，特别是亚非拉和欧洲国家广泛的支持和响应，这大大促进了亚非各国之间团结合作的发展。

万隆会议的成就是亚非人民团结合作、协商一致精神的结晶，是与会各国共同努力的结果。在这次会议中，参加过科伦坡会议的国家，特别是作为东道国的印度尼西亚，以及印度和缅甸代表团坚持茂物会议原则的努力，是使会议获得成功的重要保证。埃及和其他许多国家的代表团坚持亚非团结对会议成功也起了建设性的作用。

万隆会议本着求同存异的精神，讨论了民族独立和主权，探讨了反帝反殖斗争、世界和平以及与会各国的经济和文化合作等问题。经过充分的协商，会议一致通过了包括经济合作、文化合作、人权和自决、附属地人民问题、促进世界和平和合作的宣言等内容的亚非会议最后公报。其中关于促进世界和平与合作的宣言，提出了处理国际关系的十项原则。这十项原则体现了亚非人民为反帝反殖、争取民族独立、维护世界和平而团结合作，共同斗争的崇高思想和愿望，被称之为万隆精神。十项原则包括了 1954 年由中国、印度和缅甸三国共同倡导的和平共处五项原则的主要内容，被认为是处理国与国之间关系的准则，成为国际上公认的处理国家关系的基础。

万隆会议的胜利也与周恩来总理和他率领的中国代表团的不懈努力分不开的。周总理为推动会议成功、为促进亚非团结事业做出了重大贡献，并通过与各国代表进行广泛接触，加强了中国与亚非各国的相互了解，为后来许多与国家建交创造了条件。周总理和他率领的中国代表团在万隆的活动，是新中国外交史上的丰碑。万隆会议作为亚非团结的一个具有伟大意义的事件被载入史册。它所体现的亚非各国人民反对殖民主义、种族主义，争取和巩固民族独立，保卫世界和平，要求亚非国家之间和平相处、友好合作的精神，常被称为"万隆精神"。

3.2   马来西亚的双塔
——吉隆坡石油双塔大厦

吉隆坡是马来西亚政治、经济、金融、工业、商业和文化中心，坐落于吉隆坡市中心的吉隆坡石油双塔是吉隆坡的著名地标。

工程于 1993 年 12 月 27 日动工，1996 年 2 月 13 日正式封顶，1997 年建成使用。它是马来西亚国家石油公司花费 20 亿马币建成的，一座是马来西亚国家石油公司办公用，另一座是出租的写字楼，在第 40 ～ 41 层之间有一座天桥，方便两楼之间来往。从吉隆坡市内各处都很容易看到这座大厦。大厦非常壮观，就像两座高高的尖塔刺破长空。

石油双塔大厦共 88 层，高452 米，它有两座独立的塔楼，并由裙房相连。在两座主楼的 41 层和 42 层有一座长 58.4 米，距地面170 米高的空中天桥。独立塔楼外

形像两个巨大的玉米，故又名双峰大厦，由美国建筑设计师佩里所设计的大楼表面大量使用了不锈钢与玻璃等材质，并辅以伊斯兰艺术风格的造型，反映出马来西亚的伊斯兰文化传统。

整栋大楼的格局采用传统回教建筑常见的几何造型，包含了四方形和圆形。吉隆坡石油双塔是马来西亚石油公司的综合办公大楼，也是游客从云端俯视吉隆坡的好地方。石油

双塔的设计风格体现了吉隆坡年轻、中庸、现代化的城市个性，突出了标志性景观设计的独特性理念，是马来西亚经济蓬勃发展的象征。石油双塔周围的"金三角"是金融和商务最为繁忙的地区。据说当初建造石油双塔大厦的时候，以每四天起一层楼的速度建了两年半，可见当时马来西亚向世人展示自己经济发展成果的骄傲。

连接双塔的空中走廊是目前世界上最高的过街天桥，天桥由将近五百个构件在工地现场装配完成，再用起重机吊到最后的定位上。支撑天桥的两条修长支架，则连接29楼。这是整体设计中的一个重要元素，可以当作火灾时从一座塔楼到另外一座塔楼的逃生口；同时也是一个令人赞叹的路标。如建筑师所称，这座有人字形支架的桥似乎像一座登天门。双塔的楼面构成以及其优雅的剪影给它们带来了独特的轮廓。站在这里，可以俯瞰马来西亚最繁华的景象。

3.3　新加坡的建筑丰碑
——大华银行大厦

　　新加坡大华银行大厦共分两座。第一座楼高280米，有66层；第二座楼高162米，有38层。第一座更是新加坡第一高楼。

　　大华银行大厦由日本著名建筑师丹下健三设计，地下4层，地上66层，建筑高度280米，建筑群前设有莱佛士广场，并连接新加坡河畔，具有优美精致的环境与绿化。主楼平面由两个等边三角形组成，楼体为两人不等高的棱柱体，外墙以白石砖饰面。

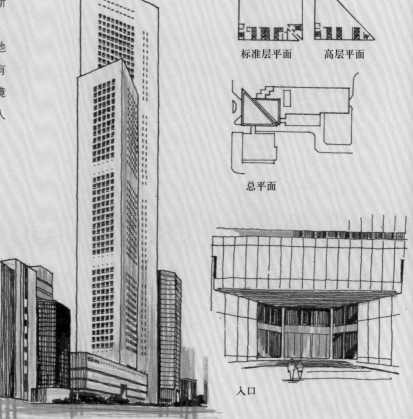

标准层平面　　高层平面

总平面

建筑的底部

入口

新加坡大华银行成立于 1935 年 8 月 6 日，原名中国联合银行。最初，银行主要服务于当地福建社群，于 1965 年更名。在过去的 80 年中，新加坡大华银行通过一系列的并购迅速成长为亚洲的知名银行。至今，大华银行集团共有超过 500 处分行与办事处，分布在亚太、西欧与北美的 19 个国家与地区。

小·贴示

丹下健三，日本著名建筑师，曾获得普利兹克建筑奖，东京奥运会主会场就是他的杰作。1961 年他创建了丹下健三城市·建筑设计研究所。1964 年东京奥运会主会场——代代木国立综合体育馆，是丹下健三结构表现主义时期的巅峰之作，具有原始的想象力，达到了材料或功能、结构、比例，乃至历史观的高度统一，被称为 20 世纪世界最美的建筑之一。日本现代建筑甚至以此作品为界，划分为之前与之后两个历史时期。他本人也赢得日本当代建筑界第一人的赞誉。1980 年丹下健三被授予日本文化艺术界的最高奖——日本文化勋章。

3.4　丛林里的珍珠
——柬埔寨吴哥城

　　到了柬埔寨，不去吴哥，就像到了中国不登长城一样。吴哥是 9 世纪到 15 世纪柬埔寨的古都，也是一座闻名世界的文化古城，它是柬埔寨文化的摇篮。吴哥的建筑是高棉民族的骄傲，也是柬埔寨国家的标志。柬埔寨的国旗中间就是吴哥寺石塔的形象。

　　吴哥古迹位于金边西北 200 多千米的暹粒省。这里有大小古迹 600 多处，散落在 45 平方千米的丛林中。古迹主要分吴哥城和吴哥寺。吴哥城建于 12 世纪。城中央的主要建筑叫巴戎，有一座四面雕刻着贴金佛像的宝塔，称为金塔。它的四周还有无数小墙群。城南约 1 千米的地方，有一座吴哥寺。寺的五座石塔参差分散，远望过去好似五朵水莲花。古寺周围古木参天，翠竹夹道，暹粒河水蜿蜒流过。石塔之间有纵横相连的长廊，密密麻麻的佛龛好像蜂窝一样。寺内回廊、殿柱、石阶上，到处都有各种浮雕。

有的表现当时人民的生活，如打猎、捕鱼、送别、战争；有的表现古代神话和史诗中的故事。各种佛像、人头、鸟兽虫鱼的雕刻，都栩栩如生。吴哥城东北还有一座精致的寺庙，叫"班台·斯利"，被称为"丛林中的珍珠"，其中的妇女雕像是古迹中杰出的艺术品。"班台·斯利"庙坐西朝东，内外有三层红砂岩砌的围墙。从印度传入的婆罗门教认为太阳从东方升起，久旱象征兴旺昌盛，光明幸福。

此外，吴哥城偏北的巴普寺和空中宫殿，也是高棉人的艺术杰作。宫殿建在约 12 米的金字塔形高台上，台中有塔，塔上涂金，台周围有石砌回廊，整个建筑给人以凌空之感，故称"空中宫殿"。

然而，这一世界上最大的宗教建筑群、最繁荣时期人口至少达到 200 万的城市，世界古文明璀璨的瑰宝，却在林海莽草中湮没达 500 年之久，直到 19 世纪才被发现。幸存的建筑可以和南美洲的印加遗址、玛雅文明、埃及金字塔相媲美。

3.5　寺庙之城
——尼泊尔首都加德满都

　　寺庙之城是人们对尼泊尔首都加德满都的尊称。这里寺庙多如住宅，佛像多如居民，漫步街头是五步一庙，十步一庵。据统计，全市现存大小寺庙多达 2700 多座。

古代的尼泊尔建筑独具一格，最有代表性的有斯瓦相布佛塔、塔莱珠女神庙、帕苏帕蒂纳特寺、黑天神庙等。人们称赞 2000 年前建造的斯瓦相布佛塔是尼泊尔最古老的宗教胜迹。它耸立于城西小山顶上，宏大而庄重的塔基上挺立的塔身共 13 层，顶端托着一个巨型华盖，是用铜制成的并有镏金。每当天气晴朗的时候，塔顶金光闪耀，气势磅礴。相传，佛祖释迦牟尼曾亲临此塔，收弟子 1500 人，传经修身。

加德满都还有造型各异的寺庙，各个庙内珍藏着许多珍贵的文物，有精美的浮雕，有逼真的木雕，有镏金铜狮，还有石雕、玉雕和巨大的铜钟等。这些宗教艺术的珍品，以它古老而神秘的色彩，为这寺庙之城增光添彩。

加德满都居民的生活也富有神秘的宗教色彩。许多居民住在寺庙里，住宅也修建得像庙宇一样，门前屋后都有神龛和祭坛。庙宇里的一物一石都被视为神物，保护得十分完好。加德满都有些庙宇里栖居着一些猴子，这是因为随着城市的发展，庙宇周围的荒山树林被人们开垦、筑路、建房，野外的猴子被逼得无路可走，只好逃到庙宇里躲避。人们把这些进庙的猴子称作圣猴，不对它们进行伤害和捕杀，并加保护。教徒们奉献给菩萨的供果食品是猴子的美味佳肴。于是，大胆的猴子年复一年地在寺庙里繁衍，它们成天围着精美的石雕、尖塔、佛像嬉闹。发现人们手里有食物，便在狂傲王的带领下向人们争食。这真可谓加德满都的一大奇景。

中尼友好往来历史悠久，我国古代的高僧法显和玄奘（也就是《西游记》里的唐僧）为寻访佛祖释迦牟尼的诞生地，曾相继到过尼泊尔。

3.6 具有浓郁地方特色的建筑设计
——孟加拉议会大厦

孟加拉议会大厦是路易斯·康最伟大的具有地方性特色的建筑设计。大厦于 1962 年开始设计，1965 年动工，1982 年投入使用。这一设计几乎贯穿了路易斯·康剩下 12 年的设计生涯。孟加拉议会大厦的设计不仅受到气候的限制，还受到周围相邻河流的影响，所以建筑平面采用了八边形的形式，这是整个设计的中心环节。由于种种原因，这一建筑群中的很多建筑设计并未实现。

议会大厦中央议会厅的周围是环绕走道，有的通向公众和记者的旁听席，有的连接着各议会办公室的图书馆。议会大厦的外围是原办公室、政党用房、休息厅、茶座和餐厅；南向是过厅，能通向祈祷厅；北向是门厅，能通向总统广场和花园。大厦的外表层有深深的前廊用来解决日晒、雨淋和眩光。大厦周围是人工湖，为的是抬高建筑。大厦外观由大理石线条和混凝土构成，相邻的建筑是清水砖混结构，部分

是红砖墙，墙体上开着方形、圆形或三角形的大孔洞。其形象厚实、粗粝、显得原始而神秘，符合孟加拉当地人文地理特点。

小·贴示

路易斯·康，美国现代建筑师。1901年2月20日生于爱沙尼亚的萨拉马岛，1905年随父母移居美国费城，1924年毕业于费城宾夕法尼亚大学，后进费城 J.莫利特事务所工作。1928年赴欧洲考察，1935年在费城开业。1941～1944年先后与 G·豪和斯托诺洛夫合作从事建筑设计，1947～1957任耶鲁大学教授，设计了该校的美术馆（1952～1954）。1957年后又在费城开业，兼任宾夕法尼亚州立大学教授。

路易斯·康认为盲目崇拜技术和程式化设计会使建筑缺乏立面特征，主张每个建筑题目必须有特殊的约束性。他的作品坚实厚重，不表露结构功能，开创了新的流派。他在设计中成功地运用了光线的变化，是建筑设计中光影运用的开拓者。有的设计中他将空间区分为服务的和被服务的，把不同用途的空间性质进行解析、组合、体现秩序，突破了学院派建筑设计从轴线、空间序列和透视效果入手的陈规，对建筑师的创作灵感是一种激励启迪。他被誉为建筑界的诗哲，大器晚成的他五十多岁时才真正成为一代宗师。

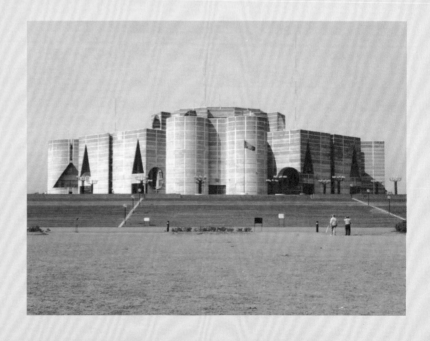

3.7　万塔之城

——缅甸蒲甘

缅甸是中华文明和印度文明之间一片既开放又相对独立的文明空间，有着自身灿烂的历史文化。早在 5000 年以前，伊洛瓦底江流域就孕育了新石器时代的居民，1044 年蒲甘王朝建立，随后确立了南传佛教在缅甸的统治地位，蒲甘成为整个东南亚地区的佛教中心。斗转星移，如今的蒲甘古城与柬埔寨的吴哥窟、印度尼西亚的婆罗浮屠并称为亚洲三大佛教遗迹，这里保留着缅甸各个历史时期建造的众多的佛塔、佛寺，已成为全人类珍贵的历史文化遗产。

蒲甘古城，坐落于伊洛瓦底江中游左岸，据说蒲甘王朝在前后 200 多年间共建造了 1.3 万多座佛塔，使蒲甘享有"万塔之城"的称号。佛塔的数量超过城市居民的人数。建筑精巧、风格各异的佛塔遍布城内城外，一片片，一簇簇，举目皆是，密如蛛网。有的高耸于闹市区，有的坐落在郊外的山麓岭坡上，有的排列在伊洛瓦底江岸；有的洁白素雅，有的金光闪闪。塔内的佛像或坐、或立、或卧，姿态万千；有的高约半米，有的顶天立地，大小高矮各不同；塔内壁画，精雕细刻，技艺高超，独具匠心，巧夺天工。蒲甘王朝的建塔规模，堪称缅甸建塔历史上的顶峰；建塔艺术几乎集缅甸建筑艺术之

大成，使蒲甘城成为当时缅甸文化、宗教的中心，迄今依然保持着缅甸宗教圣地的地位。

蒲甘为数众多的佛塔，为人们研究探索缅甸古老建筑艺术提供了宝贵资料。这些佛塔建筑，无论是造型、结构方面，还是用料、装饰方面，都有独特的艺术风格。蒲甘佛塔的结构大体分为塔基、坛台、钟座、莲座、宝伞、风标几大部分，设计者围绕这些基本结构，发挥丰富的想象力，采用多变的手法，使建成的佛塔姿态万千，变幻无穷，没有雷同之感。佛塔外形也是千姿百态，方形、圆形、扁形、条形，等等，有的似宫殿，有的似城堡，有的似石窟，加之不同的颜色，显得典雅庄重，明快爽目，奇趣可爱。塔顶的华盖上悬挂着铜铃、银铃，微风吹动，发出清脆的响声，犹如一曲美妙的乐章；狂风大作，响声似雷，宛如千军万马出征。在这些佛塔中，最大的高 60 多米，沿塔内甬道拾阶而上，站在顶端，可以饱览"万塔之城"的壮观景象。

3.8　悉尼港口的白帆
——澳大利亚悉尼歌剧院

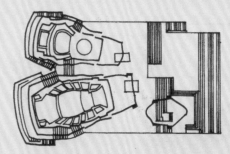

平面

在风光绮丽的悉尼港口的班尼朗岛上，屹立着一座洁白的建筑，它既像一堆白净的贝壳，又像一组扬帆而驶的船队，这就是举世闻名的悉尼歌剧院。这座建筑的设计方案是一次国际设计竞赛的获奖作品，设计者是当时只有38岁的丹麦建筑师约翰·伍重。悉尼歌剧院的设计方案采取了拱肋结构，造型处理成生动多姿的白帆组合，它的外形与周围的环境协调、呼应，在碧蓝的海波衬托下显得轮廓异常清晰。

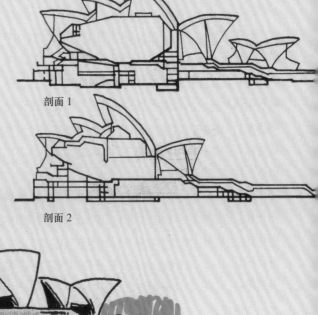

剖面 1

剖面 2

小·贴示

约翰·伍重是丹麦著名建筑设计师。1956年，37岁的伍重看到了澳大利亚政府向海外征集悉尼歌剧院设计方案的广告。虽然对远在天边的悉尼一无所知，但是凭着从小生活在海滨渔村的生活积累所迸发的灵感，他完成了设计方案。按他后来的解释，他的设计理念既非风帆，也不是贝壳，而是切开了的橘子瓣，但是他对前两个比喻也非常满意。当他寄出自己的设计方案的时候，他并没有料到，又一个"安徒生童话"将要在异域的南半球上演。

班尼朗岛三面环水，面临海湾，进港的各国船队都从岛前驶进。南端与陆地相连，面对政府大厦和植物园，有三条街道在此交汇。西面是横贯海湾的悉尼大拱桥，连接悉尼西北两个区域。建在这个半岛上的悉尼歌剧院主要由音乐厅和歌剧院两部分组成，连同它们的前厅、休息厅，覆盖在两组巍峨的大壳顶之下。旁边一组小壳顶是歌剧院餐厅。这三组壳顶的下面是一个花岗石的大基座，面积为 1.8 公顷，它的大台阶宽 90 米，可谓是世界上最宽的台阶了。建筑的基座高出海面约 19 米，最高的拱尖又高出基座 48 米，总高约 67 米。拱壳的外表面粘贴着白色和米色的陶面砖，整个建筑巍然矗立，白色的壳顶在蓝天下闪着微光，雄伟而壮丽，显得格外的皎洁与迷人。它如同一颗灿烂的明珠，镶嵌在悉尼港口，成为悉尼市的标志与象征。

第四章

中东与波斯湾建筑

4.1 埃及法老的寝陵
——金字塔与狮身人面像

金字塔，英语称为皮拉米德，意思是角锥体。中文译名完全是因为它的形状很像汉字的"金"字，实际上它既非音译，又非意译。金字塔并非埃及所独有，希腊、意大利、墨西哥、印度等国也都有。然而埃及金字塔以其规模巨大，造型雄伟而著称。

金字塔通常是用大石块砌筑而成，底是四方的，顶是尖的。它是古埃及国王（法老）、王后、亲王等皇族的大型陵墓。按照古埃及人的信仰与思想，认为人去世后才会进入一个永恒的世界，所以金字塔的建造都比宫殿、庙宇等要坚固得多。也因为这一信仰，他们把今世与永世区分甚严，今世的宫殿、庙宇一般都建在尼罗河东岸，而属于永世的金字塔则建在尼罗河的西岸。

埃及有金字塔 70 多座。最早的金字塔是梯形金字塔，始建于第三王朝开国法老左塞尔时期，约公元前 2780 年。设计它的建筑师是一位年轻有才干的人，名叫伊姆荷太普，他为左塞尔设计建造的金字塔共有六级，是现存世界上最古老的巨大石建筑。

左塞尔的继承人塞刻姆·开特也想仿照左塞王建金字塔，可是没有建完。1953 年到 1954 年间发掘出来这一未完成的梯形金字塔，为我们打开了古代埃及人建造之谜。那时既无机械，更无起重机，这些巨石是怎样安放上去的呢？原来他们在每砌完一层以后，就修一个漫长而平缓的坡，块块巨石就是在这长坡上，用人力拉上去的。发掘出的这座未完成的金字塔，同时保存了这一大缓坡，既证明了当时的建造过程，也在我们面前展现了一幅古埃及人辛勤劳作的图景。

在吉萨的三座金字塔中，一座是斯尼弗罗之子库孚所造。由于几千年来不断地剥蚀与风化，现存高度为 146.6 米，每边只有 230 米。这座金字塔所用石料估计共 230 万块，其中最重的约有 16 吨。

库孚的继承人代得夫拉在位时间不长。现在我们在吉萨看到的仅次于库孚大金字塔的是代得夫拉的继承人——他的兄弟卡夫拉所建。这座金字塔的宏伟并不亚于库孚大金字塔，高度只差 8 米，而这个时期的石料加工工艺则要高明得多。

吉萨的第三座金字塔，规模比那两座要小得多。它的建造者是门卡乌拉时代的第四王朝，金字塔的建造已经开始走向衰弱。整个第四王朝，在埃及史上却是极其重要的一个时代。

上述三座大金字塔，加上塔前的巨大狮身人面像——斯芬克斯，构成了开罗西郊世界闻名的游览区，并被誉为世界七大奇观之一。

4.2 建筑搬家的奇迹
——埃及阿布辛贝古迹搬迁记

在埃及南部尼罗河的西岸，有两座举世闻名的古代庙宇，即阿布辛贝大庙和小庙。这两座庙宇，完全是从天然石壁上凿出来的，是古代埃及艺术家的惊人杰作。

阿布辛贝大庙，是距今约 3200 年前，埃及一位好大喜功的皇帝拉美西斯二世下令建造的。他名义上是把这个朝东的庙宇献给旭日神，实际上却是要为自己树立一个不朽的纪念碑。大庙的正面凿成 36 米宽的牌楼门，门前并排端坐着四尊拉美西斯二世的雕像。

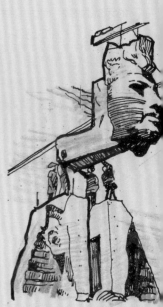

阿布辛贝小庙，位于大庙北边不远处。它是拉美西斯二世为皇后所建，献予母亲女神的。小庙的正面宽度也有27多米。门前立着的六尊大雕像有10多米高，其中有两尊是皇后像，其余四尊仍然是拉美西斯二世像，说明这里的主题仍然是皇帝本人。小庙有五间石室，室内也有丰富的装饰。

20世纪60年代初，埃及为建造纳赛尔水库而修筑高坝，几年以后，岸边的阿布辛贝双庙将被大水淹没。为了抢救这处著名古迹。埃及政府决定将双庙搬迁到高地上去。这个决定得到联合国的赞助，也得到世界各国的关心和支持。

搬迁两座全部由天然岩石凿就的庙宇，是史无前例的，工程异常复杂。决定搬迁的消息传出后，世界各国送来许多设计方案和建议。经过认真研究，最后选定了一个方案。这个方案的要点是：把庙的墙、天花板和正面，以及正面周围的天然岩石切割成大石块，运到水库最高水位以上的安全地

点，再重新拼接。庙宇所在的山丘也要重新建造。搬迁重建后的庙宇，力求保持原来的精神和细节，并成为一个新的风景点。

在工程开始以前，领导部门对原有建造及周围环境，进行了大量和详细的测绘和摄影。甚至岩石上的每条裂缝都有测定和记录。他们不仅对当地的地质构造、地下水情况、气象规律等方面进行了专题研究，而且还做了大量的试验。

现场施工开始于1964年。首先在庙宇与尼罗河之间修筑拦水坝，坝内修了排水坝，排水坝内又修了排水设施。在拆除庙宇之前，先要将庙宇顶上厚达50多米的岩石全部破碎运走，才能拆除庙宇。所以石窟天花板必须全部用钢架顶好，以避免坍塌。窟外正面，上边加了防护罩，又将巨大雕像临时用砂堆埋了起来，以防被落石砸坏。这砂堆在拆除庙宇时，还将利用为工作平台，随工程进展而逐步消除。

为了重现原庙的风貌，必须重新造出山丘的形象。移山费用太高，因此修建了巨大的穹顶将庙宇整个罩住，再在穹顶上人造山丘。大庙的穹顶是一个跨度60米，高25米的钢筋混凝土结构。

从1964年修筑拦水坝开始施工，到1968年完成人造山丘为止，历时四年。埃及人民面对新的课题，克服了重重困难。终于将两座庙宇搬迁建成。

4.3 巴比伦人的智慧结晶
——巴比伦空中花园

　　巴比伦空中花园被称为古代世界七大奇观之一。巴比伦位于幼发拉底河和底格里斯河冲积成的美索不达米亚平原上。它在伊拉克首都巴格达的南面，两地相距约 95 千米。

早在公元前 3000 年左右，巴比伦人民就在这里创造了灿烂的文化，使用了"楔形文字"。巴比伦王国被称为世界文明古国之一。公元前 604 年—前 562 年，国王尼布甲尼撒二世为了恢复古巴比伦的繁荣，显示新巴比伦的国力，大兴土木，进行了浩大的建筑工程。空中花园就是其中的一项。

建造空中花园的直接原因传说是尼布甲尼撒二世娶了一位波斯国的公主，公主来自山区，而巴比伦却位于两河流域的冲积平原上，气候炎热，又缺树少花，因此这位公主经常怀念她那绿水青山，花木繁茂的故乡。为了排遣她的思乡之情，尼布甲尼撒二世便令奴隶们模仿她的故乡风光，建造了这座空中花园。

根据史书的记载，这座花园是由四层平台组成的，平台架设在巨大的石柱上，一层比一层高，最高的一层达 25 米。平台与地面之间，铺筑了华丽的大理石阶梯。每一层平台都用长 4.9 米、宽 1.2 米的大石块拼砌而成，大石块上铺有一层芦草和沥青的混合物，在芦草和沥青层上铺两层砖，砖块之间用石膏黏合。为了防止水从泥土中渗漏下来，在砖层上还铺了铅板，在铅板上堆着一层泥土，其厚度可以种最大的树木。

由于花园的平台一层比一层高，柱子也逐层增高，这样花园中有足够的阳光射入。

同时，这些柱子中有一根内部从上到下都是空的空心柱，这根空心柱子中装有唧筒，为了灌溉园里的花草树木，需要人工推动装满皮桶的大水轮，从幼发拉底河把水打上来。然后通过管道流入空心柱，里面的唧筒应当为人工地将水抽上去，保证了花木生长所需的水分。

空中花园内遍植着为波斯公主所喜爱的奇花异草，远远望去好像是花草覆盖着的小丘，近看则感到花草高悬空中，人们走进这个高耸的花园，目光所及，只有繁盛的花草树木，看不见周围的地面，因此给它取了个"空中花园"的名字。

空中花园是 2500 年前新巴伦王国人民的智慧结晶，也反映了当时两河流域的生产水平和建筑艺术，后来它也随着巴比伦城的沉陷而倒塌了，非常可惜。一直到第一次世界大战前，人们才发现它的遗址，不过已成为一堆废墟。

4.4　迪拜的摩天大楼
——哈利法塔

哈利法塔，原名迪拜塔，是世界第一高楼。哈利法塔高828米。楼层总数162层，总共使用33万立方米混凝土、6.2万吨强化钢筋，14.2万平方米玻璃。为了修建哈利法塔，共调用了大约4000名工人和100台起重机，把混凝土垂直泵上逾606米高的地方；大厦内设有56部升降机，另外还有双层的观光升降机，每次最多可载42人。哈利法塔始建于2004年，当地时间2010年1月4日晚，迪拜酋长阿勒马克图姆揭开被称为"世界第一高楼"的迪拜塔纪念碑上的帷幕，宣告这座建筑正式落成，并将其更名为哈利法塔。

哈利法塔由SOM所设计，此公司出名在于它的超高楼设计如芝加哥的西尔斯大楼与纽约市的自由塔。哈利法塔的设计为伊斯兰教建筑风格，楼面为Y形，并由三个建筑部分

逐渐连贯成一核心体，从沙漠上升，以上螺旋的模式，减少大楼的剖面使它更加直插天际，至顶上，中央核心转化成尖塔。Y形的楼面也使得哈利法塔有较宽广的视野。内部由阿玛尼设计，一个阿玛尼饭店将坐落于37层以下的楼层，45～108层会有700间房间，106层以上的楼层为办公室与会议室，124层预计会设计成观景台，而顶部的尖塔天线包含通信功能。哈利法塔Y形楼面的设计灵感源自沙漠之花——蜘蛛兰，这种设计最大限度地提高了结构的整体性，并能让人们尽情欣赏阿拉伯海湾的迷人景观。大楼的中心有一个采用钢筋混凝土结构的六边形扶壁核心。楼层呈螺旋状排列，能够抵御肆虐的沙漠风暴。哈利法塔屡获殊荣的设计承袭了伊斯兰建筑特有的风格。以当地的沙漠之花——蜘蛛兰的花瓣与花茎的结构这一灵感，设计了哈利法塔的支翼与中心核心筒之间的组织原则。整座塔楼的混凝土结构在平面上被塑造成了Y形，大厦的三个支翼是由花瓣演化而成，每个支翼自身均拥有混凝土核心筒和环绕核心筒的支撑。大厦中央六边形的中心核心筒由花茎演化而来，这一设计使得三个支翼互相联结支撑——这四组结构体自立而又互相支持，拥有严谨缜密的几何形态，增强了哈利法塔的抗扭性，大大减少了风力的影响，同时又保持了结构的简洁。

4.5   婀娜婆娑的舞者
——迪拜的旋转摩天大楼

旋转摩天大楼是建筑设计的伟大创举，它的每层都能独立旋转，使整幢大楼不断变换外观造型，每层楼每分钟旋转6米，90分钟旋转一圈。这幢建筑由意大利建筑师费希尔设计，楼高420米，共80层。

建筑的核心筒中心轴是设计建筑最关键的部位，它既将各层牢固穿在一起，又能让各层楼可以单独、自如地旋转。驱动楼层旋转，需要很大的能量。为此，每层旋转楼板之间都安装了风力涡轮机，一幢80层的大楼拥有79台风力涡轮机，这让大楼成为一个绿色发电站。除了风能，大楼屋顶还装有大型的太阳能板，绿色能源可以使建筑旋转更加自如。

让一幢摩天大楼在空中旋转跳舞，听上去像是科幻小说，大楼共80层，每一层都错落开呈螺旋上升状，就像一个个围绕着大楼固定的钢结构中心体旋转的圈，建筑看上去就像是在不停舞动的美丽少女，人们在房间里可以欣赏到持续变化的外部景致，真是妙不可言。

这座革命性的高层建筑，引出了许多复杂的工程设计、施工与使用的难题。有人提出疑问，在持续旋转的房间里，水暖等管道线路如何布设和使用呢？这个难题其实在设计中已有考虑，解决办法就是采用类似于军用飞机空中加油的系统做法。又有人提出，住在旋转大楼中的人是否会感觉到眩晕，建筑师认为已解决，大楼的旋转速度非常慢，以至于没有人能够注意到。此外，有人担心，建造建筑有众多的部件，维修问题将如噩梦一般，建筑师说，建造大楼所用构造是标准组件，维修人员很容易获得需要更换的构件。迪拜旋转摩天大楼已建造完工，投入使用。第三幢旋转建筑也正在施工中，许多开发商对这种动态建筑表现出浓厚的兴趣，不久的将来，俄罗斯、加拿大、德国、意大利也会出现可跳舞的旋转摩天大楼。

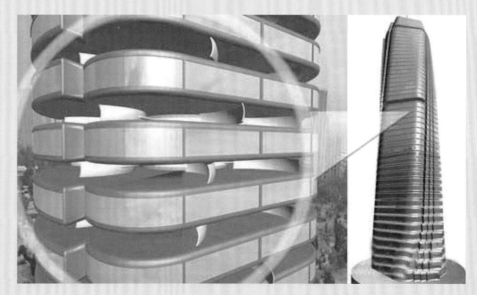

4.6　气派雄伟的标志性建筑
——伊朗德黑兰自由纪念塔

　　德黑兰的自由纪念塔，气派雄伟，风格新颖。由西郊麦哈拉巴德国际机场驱车进入市区，首先映入眼帘的便是这座纪念塔。塔高 45 米，塔基长 63 米，宽 42 米，呈灰白色，采用钢筋水泥和大理石建成。自由纪念塔于 1971 年 10 月落成，塔的底层是博

物馆和电影馆。电影馆可容纳 500 名观众，5 部电影机同时在一块宽敞的银幕上放映，影片的主要内容是伊朗的悠久历史、灿烂文化、山河风光和名胜古迹。这里是游客云集的地方，想看电影常常要排队等候才能购到入场券。从塔底沿着 275 级石阶盘旋而上，可到达塔顶的瞭望台。站在瞭望台上环顾四周，金碧辉煌的古老建筑，气势非凡的高楼大厦，宽阔笔直的林荫大道，从城南的火车站开始，向北越过旧城区、新城区，直到海拔 1600 米以上的厄尔布尔士山麓的避暑胜地，德黑兰全城景色尽收眼底。

伊朗建筑师候赛因·阿马那特在设计该塔过程中，既注意吸收外国建塔的优点，同时又注意充分体现伊朗建筑的民族风格。自由纪念塔处在德黑兰城市布局的中轴线上，以塔为起点，四条宽阔平坦的柏油马路伸向远方，像一条条细带将条条街道连在一起，使全城成为一个有机的整体。

4.7   沙漠上的空中交通枢纽
——沙特利雅得机场

利雅得国际机场位于沙特阿拉伯利雅得以北 35 千米，由霍克建筑公司设计。机场包括航站楼、清真寺、控制塔和两条平行的跑道，每条长 4200 米。它的构建是为了应付日益增加的利雅得国际和当地客人。机场拥有多个客运候机楼和一个货运楼。五个候机楼在同一幢大厦内，内有道路连接，国际国内候机楼可在此进行中转。

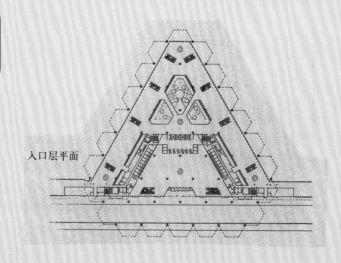

入口层平面

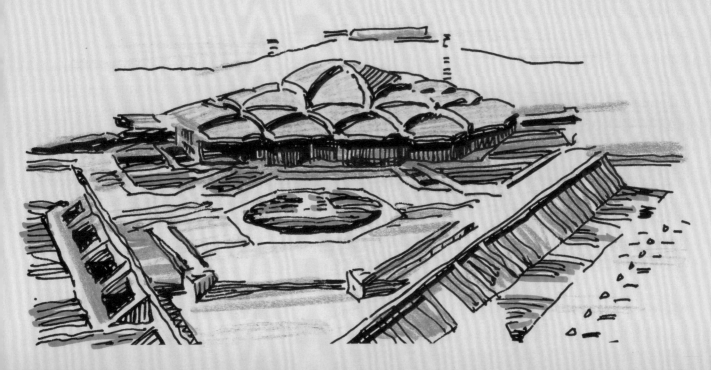

利雅得位于沙特阿拉伯王国的中部内志高原的哈尼法三条干涸河谷中，海拔520米，东距波斯湾约386千米，附近为一片绿洲。

在阿拉伯语中，利雅得是花园的意思，含意为遍布草场、花园、绿树之地，南北长30千米、东西宽10千米，是沙特全国商业、文教和交通中心；是红海和波斯湾之间的中转点，农牧业产品集散中心。

利雅得国际机场航站楼的设计者为美国霍克建筑事务所，1983年建成。这座豪华的航站楼建筑有两座国际候机楼，两座国内候机楼，另有一个单设的皇家候机楼，居于中心地位的是一个可容纳5000人的清真寺。

候机楼的屋顶由许多三角形球面壳组成。从建筑的平面组织到装饰图案都具有明显的伊斯兰传统艺术风格。现代技术与阿拉伯艺术的结合是这座建筑的特色。

候机楼内部设计也很有特色。到达机场的旅客，在下了楼梯后就进入了一个高大的大厅，厅内有树木花卉围绕着的喷水池，这与周边的环境形成了鲜明的对比，使旅客对沙特首都的大门倍感亲切。

由于世界各地的旅客倍增，原有的机场和候机楼已不能满足需求，所以近年沙特投巨资，对机场进行了扩建，并对原有建筑进行了装修，对设备进行了更新，使利雅得国际机场更具现代感。

4.8　伊斯兰建筑的代表作
——伊朗伊斯法罕清真大寺

　　伊斯法罕是伊朗的历史名城，位于伊朗中部，德黑兰以南 400 多千米的盆地边缘。城区跨扎廷德赫河两岸。建城历史长达 2500 年。曾是东西方贸易集散地、"丝绸之路"南路必经的要地。642 年被阿拉伯人占领。11~12 世纪，在突厥塞尔柱王朝统治时期，开始作为国都。16 世纪末到 18 世纪初，再次成为萨法维王朝都城，在阿拔斯一世时期被建成当时世界上繁华的都市之一。云集着东西方许多国家的商人和游客，学者荟萃，使伊斯兰文化高度发达。辉煌的宫殿、宏伟的清真寺鳞次栉比，花圃似繁星点缀。

此处还建有162座清真寺、48所经学院、1800家商客栈和173个公共浴室，另外建有多座图书馆、天文台和医院，有"伊斯法罕半天下"的美称。现市内有数十座古老的清真寺，著名的有波斯湾型建筑风格的伊斯法罕清真大寺和鲁特福拉清真寺。还有宏伟精致的阿里·卡普宫、别具风格的阿拔大帝"四十柱宫"。宫殿门廊上的二十根擎柱，倒映在门前的池水中，仿佛又出现了二十根柱子，故称"四十柱宫"，宫内的大型壁画，具有伊斯兰教建筑装饰的风格。

　　伊斯法罕清真大寺，坐落在伊朗伊斯法罕市中心，20世纪起经多次修葺和扩建。该寺造型保持了传统的波斯建筑风格，因寺院的内外围墙和一些高大圆柱，都以蓝色的小块瓷砖拼嵌成一幅幅瑰丽动人的波斯传统图案，故又称东方的蓝色清真寺。寺内有四座高耸的宣礼尖塔，穹形正门和两尖塔都朝着

伊斯法罕市中心伊玛广场北部，而礼拜大殿和另外两座尖塔则朝着西南方向的麦加圣地。大殿与寺正门结构严谨，布局合理。站在大殿中心的一块方砖上，对准穹形屋顶拍手或讲话，立刻传来七下回音，此殿故又称七音殿。正殿西面墙壁下有一块三角形浅绿色大理石，每到正午时就没有倒影，实际起了日晷作用，为考研学家所重视和欣赏。该寺是伊朗伊斯兰建筑风格和艺术的代表作之一。

　　清真寺拱顶和宣礼塔装饰有蓝瓷砖拼嵌成的复杂的阿拉伯图案和各种几何图案。整座建筑同以黄色为基调的城市形成鲜明的对照。圆屋顶瓷片呈放射状排列，富丽堂皇，给人一种似要凌空飞去之感。鸟瞰伊斯法罕清真大寺与在夜幕降临时从广场看它一样，十分壮丽。清真寺镶嵌图案所显示的极为高超的技巧以及由四座大穹顶柱廊环绕的寺内中央庭院，达到了传统的清真寺建筑艺术的巅峰。清真寺的外观为布局合理的几何设计，以墨蓝色、深红色和浅柠檬色瓷瓦装饰，给人一种非常协调的和谐美。为了朝向伊斯兰圣地麦加，清真寺没有按一定的广场轴线定向。穿过加萨里亚大门，迎面是一片大市场，阿拔斯皇家银行和贵宾下榻的皇家旅馆坐落在这里。

4.9   阿拉伯建筑的精华
——科威特国家大清真寺

科威特城是科威特首都，是科威特政治、经济、文化中心和重要港口，也是波斯湾海上贸易国际通道。科威特位于波斯湾西岸，风光明媚、绚丽多姿，是阿拉伯半岛一颗明珠，面积80平方千米。人口38万，居民信奉伊斯兰教，官方语言为阿拉伯语，通用英语。

科威特市内到处都是具有伊斯兰风格的高楼大厦，以国家元首办公的剑宫、法蒂玛清真寺、议会大厦、新闻大楼、电报大楼最为著名。造型美观奇特的储水箱和储水塔是这里最引人注目的建筑设施，也是其他城市难以见到的景色。几乎每家的屋顶上都有或方或圆的储水箱；全市有几十座储水塔。科威特人都是虔诚的穆斯林，在科威特由一个渔民镇发展为一座现代化石油城之后，清真寺也随着摩天大楼如同雨后春笋般兴建起来。最大一座清真寺是科威特国家大清真寺，位于市中心，装饰精致豪华，可容纳万人礼拜，附属的女子礼拜殿可容纳千人。大殿圆顶高43米，有144个采光的窗户，室内有72根柱子，21扇大门，外表镶嵌大理石和彩色瓷砖，饰以优美的阿拉伯文书法经文，金碧辉煌，富丽堂皇，

经过六年精细雕琢而建成。两对称的宣礼塔高72米，塔身镶嵌有叙利亚大理石，顶上是黄铜覆盖。大殿的前后左右都是庭院。庭院四周是宽敞的男女净身室、讲经堂、会议厅、教学区和图书馆，大寺的墙外是停车场。科威特大清真寺被各国来访的客人评为阿拉伯世界最新伊斯兰艺术杰作。

在科威特这个95%的人都信仰伊斯兰教的国家，清真寺成了人们心中最神圣之地。据统计，科威特境内共有628座清真寺，每座清真寺从形状到颜色都标新立异，但它们几乎都建有穹隆的屋顶和高耸的宣礼楼，在它们的最高处都塑有一弯新月，既是这个国家信仰的标志，又象征吉祥和幸福。众多的清真寺，令人印象最深的还是科威特大清真寺。

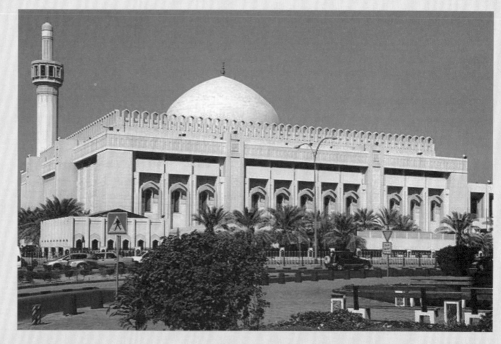

4.10　科威特的"火箭"与"月亮"
——科威特大塔

科威特大塔矗立在科威特市区东端海滨，背依大海，面向科威特王宫。宫塔毗邻，相映生辉。大塔 1973 年动工，1977 年 2 月落成，建造此塔本是为了向市高层建筑供水，但是别具匠心的设计者把它设计成既可储水又可供浏览的高空大塔。大塔由 3 个大小不等的尖塔组成，1979 年 3 月 1 日正式对游客开放。主塔高 187 米，直径 32 米，由一个球形观光处和一个大球组成。球形观光处位于塔顶，共两层，第一层供游客们观光远眺，高地面 121 米，第二层是一个旋转自助餐厅，离地面高 123 米，旋转速度为每半小时一圈，可容纳 100 人就餐。大球的球顶离地面有 90 米，球的上半部有三个饭店，圆顶饭店可容纳 180 人就餐，有便餐台，游客自己可在数百种美味的食品中选择，这里不仅仅有自助餐厅，还是一个理想的庆典仪式举行之地。

大球的另一处是科威特最秀丽的室内花园和问询、预订服务处。大球的下半部是蓄水池，可储水450立方米。第二座塔高147米，只有一个球体，离地约120米，可储水约3785立方米。这两座塔的三个球体的外壳均用淡蓝色和淡绿色的赛璐珞块镶嵌，远远望去，球体微呈蓝色，显得清雅端凝。两塔旁边则是一座照明用的锥状小塔，

此小塔高113米，塔上有96盏聚光灯，入夜，灯光把各塔照得五彩缤纷。每年的2月25日，即科威特的国庆之夜，科威特政府规定，均要在大塔前的广场上燃放礼花庆祝。这时科威特王宫大臣都要登塔观望，所以，科威特大塔也是科威特领导人举行政治活动的场地之一。在科威特市内还有许多阿拉伯民族风格的水塔，这些水塔设计新颖、形式多样，有的三个一组，有的六个或九个一组，它们反映了科威特人民战胜缺水困难的成绩，是现代科威特的象征。

小·贴·示

一般说来，水塔是工程构筑物。其功能是储水，但是建筑师突破了这个范畴，大塔象征着古老的科威特，以及火箭与月亮。这座大塔不仅表达了阿拉伯人民对月亮的无限敬意，也表达了科威特人民对水的深厚的感情。

4.11　石油矿业人才的摇篮
——沙特石油矿业大学

总平面

沙特石油矿业大学位于宰赫兰市，距沙特阿拉伯东部首府达曼30千米。宰赫兰市是沙特石油工业的重要中心，是世界上最大的石油公司Aramco的总部。学校共设有七个学院：计算机科学与工程学，工程科学学院，应用工程学院，理学院，环境设计学院，工业管理学院，支持与应用研究学院。该大学由司各脱与劳伦斯设计。

校园占地475hm²。这块用地是经过多年考虑后选定的。它与本国最大的石油总部相邻，可以利用这里现成的公路、供电线路、电话线及污水处理设施，同时在校园北边已建成一批住宅和宿舍。

学校建筑群以一座清真寺为中心，一侧排列着图书馆、教学楼、教室、实验楼、礼堂、体育馆和教职员及学生中心。一条步行林荫道通向学校的步行入口处。迎面矗立的高高的水塔，成为人们熟悉的标志，从任何方向都能看到它。整块用地是一隆起的30多米高的山丘，学校建筑群就像"骑"在山脊之上。这里的风速较大，常达每小时37千米，并周期性地出现更大的风速。将建筑群成排地密集布置，有利于减少受到从北面吹来的风沙的影响。按规划，将建立研究生院和计算机院，为教员和学生增建800套住房，还将兴建一个拥有20000个座位看台的体育场。

个体建筑具有传统的阿拉伯风格，采用尖拱组成的外廊和围廊，大面积的实墙和狭窄的窗子，后者有利于阻挡酷热的阳光和肆虐的风沙。四幢教学楼、实验楼采用同一基本平面，进深15.7米，两侧是由尖拱组成的拱廊与外廊。拱廓成了别具风味的内走廊和休息室内部的装饰性构件。

学校专业性强且世界闻名，世界综合排名在前200名之内，雄踞阿拉伯国家大学排名榜首。学校国际化程度高、师资强大、环境优美、条件优越。近些年，学校不断加强与中国一流大学的合作，涉及能源、通信、电子科学等科研领域，以及校际交流、学生培养等合作项目。新的五十年，学校将坚定迈向实现建设知名大学的目标。

第五章

欧洲的琼楼玉宇

5.1   古希腊建筑的代表作
——雅典卫城

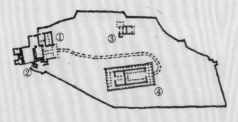

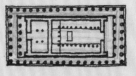

雅典卫城位于雅典市中心的卫城山丘上，始建于公元前 580 年。最初，卫城是用于防范外敌入侵的要塞，山顶四周筑有围墙，古城遗址则在卫城山丘南侧。卫城内最早的建筑是雅典娜神庙和其他宗教建筑。根据古希腊神话传说，雅典娜生于其父宙斯的前额，她将纺织、裁缝、雕刻、制作陶器和油漆工艺传授给人类，是战争、智慧、文明和工艺女神，后来成为城市保护神。在古希腊英雄时代的城邦战争中，她是希腊军队勇往直前、取得胜利的精神力量。同时也是城邦国家繁荣昌盛、强大富足的象征。因此，作为军事要塞的雅典卫城又成为宗教崇拜的圣地，雅典城市因故得名。希腊波斯战争中，雅典曾被波斯军队攻占，公元前 480 年，卫城被波斯军队彻底破坏。希腊波斯战争后，雅典人花费了 40 年的时间重新修建卫城，用白色的大理石重建卫城的全部建筑。

由于雅典卫城的存在，小手工业者在这些城邦里获得更多的权利。自由民主制度促进了经济的大繁荣与平民文化中健康、积极因素的进一步发展。公元前 5 世纪上半叶，希腊人以高昂的英雄主义精神在一场生死攸关的艰险战争中（公元前 500 年、前 449 年）打败了波斯、击退了波斯的侵略，雅典进入了古典主义时期。经济和文化都达到了光辉的高峰。希腊建筑也在这时结出了最完美的果实。作为全希腊的盟主，雅典城邦在古雅典全盛期领土面积约 1600 平方千米，有 25 万人口。而同时期的科林斯有 9 万人口，阿各斯有约 45000 人，

有些城邦只有 5000 人或更少。公元前 5 世纪中叶，在希腊战争中，希腊人再次以高昂的英雄主义精神击退了波斯的侵略，战后进行了大规模的建设，城市类型丰富了许多，建造了养老院、议事厅、剧场、俱乐部、画廊、旅馆、商场、作坊、船埠、体育场等公共建筑物，而建设的重点是卫城。

雅典卫城具有古代希腊城市战时市民避难之处的功能，是由坚固的防护墙壁拱卫着的山冈城市。雅典卫城面积约有 4 平方千米，坚固的城墙筑在四周。自然的山体使得人们只能从西侧登上卫城。高地东面、南面和北面都是悬崖绝壁，地形十分险峻。雅典卫城内前门、山门、雅典娜胜利女神殿、阿尔忒弥斯神殿等建筑，都仅存残垣。雅典卫城东南的卫城博物馆馆藏丰富，建成于 1878 年，共有九室，珍藏着雅典卫城内神庙中珍贵石雕、石刻等。海神波塞冬送给人类一匹象征战争的壮马，而智慧女神雅典娜献给人类一颗枝叶繁茂、果实累累、象征和平的油橄榄树。人们渴望和平，不要战争，结果这座城归了女神雅典娜。从此，她成了雅典的保护神，雅典因此得名。后来人们就把雅典视为酷爱和平之城。

5.2 欧洲建筑的柱式
——希腊柱式与罗马柱式

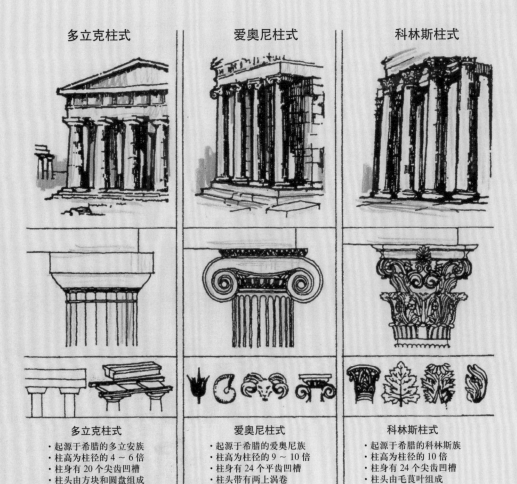

多立克柱式

爱奥尼柱式

科林斯柱式

多立克柱式
- 起源于希腊的多立安族
- 柱高为柱径的 4 ~ 6 倍
- 柱身有 20 个尖齿凹槽
- 柱头由方块和圆盘组成
- 柱式造型粗状浑厚有力

爱奥尼柱式
- 起源于希腊的爱奥尼族
- 柱高为柱径的 9 ~ 10 倍
- 柱身有 24 个平齿凹槽
- 柱头带有两上涡卷
- 柱式造型优美典雅

科林斯柱式
- 起源于希腊的科林斯族
- 柱高为柱径的 10 倍
- 柱身有 24 个尖齿凹槽
- 柱头由毛茛叶组成
- 柱式造型粗纤巧华丽

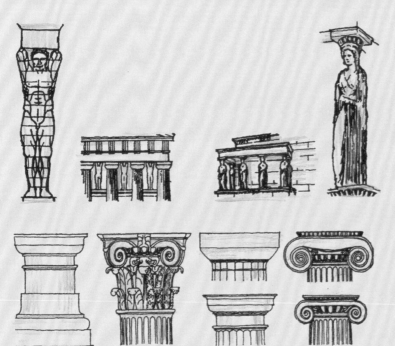

广泛用到建造规模宏大、装饰华丽的建筑物当中，并且创造了一种在科林斯柱头上加上爱奥尼柱头的混合式柱式，更加华丽。他们改造了希腊多立克柱式，并参照伊特鲁里亚人传统发展出塔斯干柱式。这两种柱式差别不大，前者檐部保留了希腊多立克柱式的三陇板，而后者柱身没有凹槽。爱奥尼柱式变化较小，只把柱础改为一个圆盘和一块方板。塔斯干、多立克、爱奥尼、科林斯和混合式，被文艺复兴时期的建筑师称为罗马的五种柱式。

　　希腊柱式，形成于小亚细亚的爱奥尼柱式和形成于希腊的多立克柱式，是两种最基本的柱式。它们都是从结构演变而来的，公元前5世纪中叶达到成熟程度，在雅典产生代表性作品。爱奥尼柱式的主要特征是柱头的正面和背面各有一对涡卷，有柱础，由圆盘等组成。多立克柱式的柱头是个倒圆锥台，没有柱础。爱奥尼柱式如女性般柔美，多立克柱式似男性般刚健。公元前5世纪下半叶，希腊还出现了科林斯柱式。它的柱头上雕刻着毛茛叶，很华丽，其余部分与爱奥尼柱式一样。

　　罗马柱式，罗马人继承了希腊柱式，并根据新的审美要求和技术条件对其加以改造和发展。他们完善了科林斯柱式，

5.3 象征伦敦哥特式建筑
——英国伦敦议会大厦

　　伦敦议会大厦建于 1840—1860 年，从建筑外形来看属晚期哥特式建筑，平面对称构思浑朴，建筑师用独具特色的建筑语言成功地表现了民族自豪感这一宏大的主题。大厦有两座高塔，上有大钟，重 13 吨。英国议会设上下两院，上院大厅装饰极为华丽，下院大厅在第二次世界大战中遭突袭被毁，于 1950 年开始修复。

伦敦议会大厦，也叫威斯敏斯特宫，最高的当属西南广场的维多利亚塔，达到了 98.5 米。以重修时期的女王维多利亚命名，今天成为了国会档案馆。其顶部有金属旗杆，王室列席时悬挂皇家旗或在平时悬挂英国国旗。塔基部分是皇家专属通道，用于保障国会开幕大典或是其他官方庆典时期皇室成员的进出。穿过宫殿中部，很快就能抵达中央厅，它是中部一座高 91.4 米（300 英尺）的八角形塔楼，也是威斯敏斯特宫三座主要塔楼中最矮的一座。不同于另外两座，中央塔楼拥有的一座尖顶，被设计成高层进气口。宫殿东北角就是最为著名的威斯敏斯特宫钟塔，高 96.3 米。钟楼顶部的钟房是一座巨大的矩形四面时钟。钟楼拥有 5 座时钟，每过一刻都会报时。其中最有名的一座大本钟，每隔一个小时击打一次。它也是英格兰重量排第三的钟表，重达 13.8 吨。尽管"大本"原指该钟表本身，今天已经被人们习惯用来称呼整座塔楼。另外的圣斯蒂芬塔是一座小型塔楼，位于宫殿前端，威斯敏斯特厅和旧宫院间，它的基座囊括了进入下院的主要通道——为人们所熟知的"圣斯蒂芬通道"。其他的塔楼包括北端的议长塔和南端的大臣塔。分别以重修时期的下院议长和上院大法官的职位名称命名。

议会大厦的维多利亚塔是进入威斯敏斯特宫的御用入口，国会开会期间塔上会升起英国国旗。国会开会前，通常要举行传统的隆重仪式。国王夫妇乘坐由八匹乳白色纯种马驾驭的金色马车来到这里。国王的宝座上铺有红色天鹅绒，并饰以金丝和钻石，放置在议会上院的最高处镶嵌有哥特式华盖的地方。建筑师柏利之所以成功地修建了威斯敏斯特宫，得益于他对英国哥特式建筑风格的钟爱和造诣。

小·贴·示

哥特式建筑的特点是尖塔高耸、尖形拱门、大窗户及有圣经故事的花窗玻璃。在设计中利用尖肋拱顶、飞扶壁、修长的束柱，营造出轻盈修长的飞天感。以及用新的框架结构以增加支撑顶部的力量，使整个建筑有直升线条、雄伟的外观和内部空阔空间，再结合镶着彩色玻璃的长窗，使堂内产生一种浓厚的气氛。建筑的平面仍基本为拉丁十字形，但其西端门的两侧增加一对高塔。哥特式建筑的总体风格特点是：空灵、纤瘦、高耸、尖峭。尖峭的形式是尖卷、尖拱技术的结晶；高耸的墙体则包含着斜撑技术、扶壁技术的功绩。

5.4 伦敦的空中交通枢纽
——英国伦敦希思罗机场

伦敦希思罗国际机场位于伦敦市中心以西 22 千米处，希灵登区南端。希思罗机场有悠久的历史，第二次世界大战以后进行了大规模的扩建。共有六座航站楼，六条跑道，机场地下落成的第五航站楼由著名建筑师罗杰斯负责设计。

希思罗机场拥有两条平行的东西向跑道及五座航站楼。第五航站楼已经于 2008 年 3 月 27 日启用，英航将独自使用该航站楼，而其他航空公司亦会更改所在航站楼。于 2007 年 3 月宣布翻修第三航站楼，同时也正在考虑兴建第三条跑道及第六航站楼。

希思罗国际机场为全球 90 家航空公司所用，可飞抵全球 170 余个机场，2008 年旅客吞吐量达 6700 万人次，其中 11% 为英国国内乘客，43% 为短程国际旅客，46% 为长程国际旅客。以飞往纽约肯尼迪国际机场的人次最多，2007 年往返希思罗国际机场及纽约肯尼迪国际机场、纽瓦克自由国际机场间的人次就超过 3500 万。截止到 2009 年，机场共有五座航站大厦及一座货运大厦，2010 年其第三座附属建筑宣告全部完工。希思罗国际罗机场有六条跑道，分为三组不同

的角度，航站大厦位于其中央。随着对于跑道规定长度的增加，希思罗机场目前有两条东西向的平行跑道。2006 年，机场改建了第三航站楼的 6 号空桥以便巨型客机空中客车 A380 使用，并增设四个停机位。第一架飞抵希思罗的 A380 测试客机是在 2006 年 5 月 18 日降落，2007 年 4 月 21 日，一座 87 米高的新塔台投入服务。

小·贴示

著名建筑师罗杰斯毕业于耶鲁大学，是现代建筑师代表。早期的作品有伦敦办公楼，完成于 1986 年，展示了类似的内外翻转的形象并结合了罗杰斯标志性的表现主义风格的建筑手法。他和福斯特毕业后回到英国一起开设了一家事务所。罗杰斯近期的作品，如 2000 年伦敦的千年穹顶以及 2005 年开放的马德里机场，展示了他对一座建筑纯功能要素的设计功能。罗杰斯关注大尺度的项目，尤其是最具有改进、干预和变化机遇的地方，这种机遇是看得见的。作为伦敦市市长的首席建筑和城市顾问，罗杰斯还是英国城市工作组的负责人。这个工作组成立于 1998 年，研究城市衰败的原因，并为城市复兴的未来规划基础工作。如今他成为已有 28 年历史的普利兹克奖的获得者中第四位在英国执业的建筑师。

5.5   浪漫的高科技建筑
——英国伦敦劳埃德大厦

劳埃德大厦是英国最大保险机构劳埃德保险公司的所在地，也是伦敦金融城标志性建筑之一。著名保险公司劳埃德公司采用了世界建筑大师里罗杰斯（曾设计巴黎蓬皮杜艺术中心）的设计方案。正是由于这里的独特风格使劳埃德大厦成为伦敦城区甚至全球最引人注目的建筑，每年来这里参观的人超过20万。1977年，有包括贝聿铭事务所和福斯特事务所在内的6家世界著名建筑师事务所共同参加角逐的劳埃德大厦的设计竞赛中，罗杰斯及合伙人事务所以浪漫的高科技风格方案一举获胜，从而夺得劳埃德大厦的设计权。

1977年，完成巴黎蓬皮杜艺术中心的设计工程后，罗杰斯与皮亚诺散伙各自独立开展事业。罗杰斯后来最著名的一个项目就是劳埃德保险公司大厦。1979年到1986年，罗杰斯耗费了很长时间才完成了劳埃德保险公司大厦的设计。这个设计突破了他过去与皮亚诺合作设计的法国蓬皮杜中心的成就，为他带来了国际级的声誉，也使他成为当代最重要的高技派的风格的代表人物。

罗杰斯在这个设计上，更加夸张地使用高科技特征，不断暴露结构，大量使用膛锈钢、铝材和其他合金材料构件，使整个建筑闪闪发光。这个像科学幻想一般的建筑，比他过去设计的蓬皮杜艺术中心更夸张、更突出，也使得高技派风格更为成熟。这座建筑的主楼布置在北面，地面以上空间为 12 层。周围有六座附有楼梯和电梯的塔楼，加上设备共有 10 层，另有地下室两层。主楼中部是开敞的中庭，四周被跑马廊围绕，所有主要办公空间沿跑马廊布置。中庭上部是一个拱形的玻璃天窗，从大厅地面到中庭顶部高达 72 米。大厅内有两部交叉上下的自动扶梯，四周均为金属装修。大厦内共安装有 12 部玻璃外壳的观景电梯，建筑外由两层钢化玻璃幕墙与不锈钢外装修构架组成，表现出机器美学特征。大厦内楼板均架在钢筋混凝土井字形格架上，由巨大的圆柱支撑，柱内为钢筋混凝土结构，外部为不锈钢皮面。建筑构件也遵循一定的模数设计，反映了建筑高科技化的新特点。

5.6　体验雨果小说的经典
——法国巴黎圣母院

　　看过法国大作家雨果的小说《巴黎圣母院》或者同名电影的人，都知道巴黎圣母院这个地方。它是早期哥特式建筑的最伟大杰作，它的名扬于世不仅因为雨果的小说，更因为它是巴黎最古老、最华丽的教堂。巴黎圣母院始建于 1163 年，历时约 150 年，直到 1320 年才建成。到了 19 世纪，又在上面加建了个尖塔。巴黎圣母院是一座典型的哥特式教堂。哥特式，原是从哥特民族中演化过来的。但后来也就失去了它的褒贬性，变成了当时一种文化的名称了。

哥特式建筑有什么特征呢？最重要的就是高直二字，所以也有人称这种建筑为高直式。哥特式教堂的平面形状好像一个拉丁十字。十字的顶部是祭坛，前面的十字长翼是一个长方形的大厅，供众多的信徒做礼拜用。教堂的顶部采用一排连续的尖拱，显得细瘦而空透。教堂的正面往往放一对钟塔。哥特式教堂的造型既空灵轻巧，又符合变化与统一、比例与尺度、节奏与韵律等建筑美法则，具有很强的美感。巴黎圣母院的平面呈横翼较短的十字形，东西长 125 米，南北宽 47 米。东端是圣坛，后面是半圆形和外墙。西端是一对高 60 米的方塔楼，构成教堂的正面。粗壮的墩子把立面纵分为三段，每段各有一门，当中是被称作最后的审判的主门。正中是一个直径 10 米的圆形玫瑰窗，精巧而华丽。两侧的尖卷形窟及垂直线条与小尖塔装饰，都带着哥特式建筑的特色——高耸而轻巧，庄严而匀称。在尖峭的屋顶正中，一个高达 106 米的尖塔，直刺天穹。教堂正厅顶部有一口重达 13 吨的大钟，敲击时钟声宏亮，全城可闻。巴黎圣母院的主立面是世界上哥特式建筑中最美妙、最和谐的，水平与竖直的比例近乎黄金比，立柱和装饰带把立面分为九块小的黄金比矩形，十分和谐匀称。后世的许多基督教堂都模仿了它的样子。

巴黎圣母院之所以闻名于世，主要是因为它是欧洲建筑史上一个划时代的标志。在它之前，教堂建筑大多数笨重粗俗，沉重的拱顶、粗矮的柱子、厚实的墙壁、阴暗的空间，使人感到压抑。巴黎圣母院冲破旧的束缚，创造了一种全新的轻巧的骨架卷，这种结构使拱顶变轻了，空间升高了，光线充足了。这种独特的建筑风格很快在欧洲传播开来。巴黎圣母院是巴黎市著名的历史古迹，雨果曾在小说中称赞它是巨大的、由石头组成的交响乐。

教堂内部极为朴素，严谨肃穆，几乎没有什么装饰。进入教堂的内部，无数的垂直线条引人仰望，数十米高的拱顶在幽暗的光线下隐隐约约，闪闪烁烁。它是欧洲建筑史上一个划时代的标志。主殿翼部的两端都有玫瑰花状的大圆窗，上面满是 13 世纪时制作的富丽堂皇的彩绘玻璃书。北侧钟楼则有一个 387 级的阶梯。从钟楼可以俯瞰记录如诗画般的美景，有欧洲古典及现代感的建筑物，也可欣赏塞纳河上风光，一艘艘观光船载着游客穿梭游驶于塞纳河中。

5.7 举世瞩目的万宝之宫
——巴黎卢浮宫与玻璃金字塔

卢浮宫位于法国巴黎市中心的塞纳河北岸，名列世界四大历史博物馆之首。卢浮宫始建于 1204 年，原是法国的王宫，居住过 50 位法国国王和王后，是法国文艺复兴时期最珍贵的建筑物之一，以收藏丰富的古典绘画和雕刻而闻名于世。现在的卢浮宫博物馆，历经 800 多年扩建重修才达到今天的规模。占地约 198hm^2，分新老两部分，宫前的

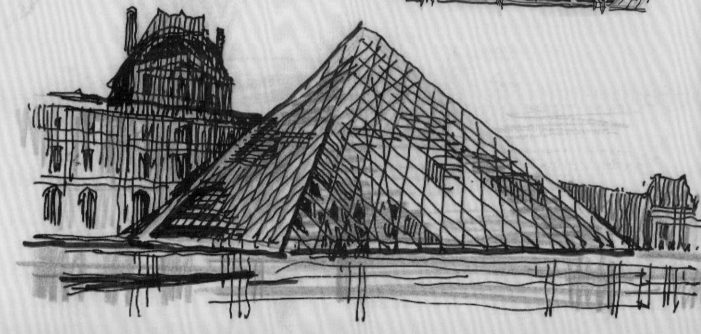

金字塔形玻璃入口，占地面积为 24hm^2，是华人建筑大师贝聿铭设计的。1793 年 8 月 10 日，卢浮宫艺术馆正式对外开放，成为一个博物馆。卢浮宫藏有被誉为世界三宝的《维纳斯》雕像、《蒙娜丽莎》油画和《胜利女神》石雕，拥有的艺术收藏达 40 万件以上，包括雕塑、绘画、美术工艺及古代东方、古代埃及和古希腊罗马六个门类。有古代埃及、希腊、埃特鲁里亚、罗马的艺术品，有东方各国的艺术品，有从中世纪到现代的雕塑作品，还有数量惊人的王室珍玩以及绘画精品等。卢浮宫已成为世界著名的艺术殿堂，是世界最大的艺术宝库之一，是举世瞩目的万宝之宫。

贝聿铭设计建造了玻璃金字塔，借用古埃及的金字塔造型，并采用了玻璃材料，金字塔不仅表面积小，可以反映巴黎不断变化的天空，还能为地下设施提供良好的采光，创造性地解决了把古老宫殿改造成现代化美术馆的一系列难题，取得了

极大成功，享誉世界。这一建筑正如贝聿铭所称：它预示将来，从而使卢浮宫达到完美。玻璃金字塔塔高 21 米，底宽 30 米，四个侧面由 673 块菱形玻璃拼组而成，总平面面积约 2000 平方米。塔身总重量为 200 吨，其中玻璃净重 105 吨，金属支架仅有 95 吨。换而言之，支架的负荷超过了它自身的重量，因此行家们认为，这座玻璃金字塔不仅是体现现代艺术风格的佳作，也是运用现代科学技术的独特尝试。

玻璃金字塔耸立在庭院中央，在它的南北东三面还有三座 5 米高的小玻璃金字塔作点缀，与 7 个三角形喷水池汇成平面与立体几何图形的奇特美景。人们赞叹于建筑设计的奇妙，而且称卢浮宫院内飞来了一颗巨大的宝石。玻璃金字塔还获得了被称为建筑界诺贝尔奖的普茨克奖。建筑界人士普遍认为贝聿铭的建筑设计有三个特色：一是建筑造型与所处环境自然融合。二是空间处理独具匠心。三是建筑材料考究和建筑内部设计精巧。这些特色在设计中得到了充分的体现。纵观贝聿铭的作品，他为产业革命以来的现代都市增添了光辉。到了 1988 年，贝聿铭决定不再设计大规模的建筑工程，而是改为慎重地选择小规模的建筑，他所设计的建筑高度也越来越低，越来越接近于地平线，这也许是向自然的回归。美秀美术馆更明显地显示了晚年的贝聿铭对东方意境，特别是故乡那遥远的风景——中国山水理想风景画的憧憬。标志着贝聿铭在漫长的建筑生涯中开启了一段新的里程。

5.8 屹立在塞纳河畔的巨塔
——法国巴黎埃菲尔铁塔

1880 年法国刚刚摆脱普法战争中的耻辱，1889 年 5 月 5 日至 11 月 6 日，法国巴黎将再次举办世博会，主题是庆祝法国大革命胜利 100 周年。为了显示国力，1886 年 5 月，法国政府决定在巴黎战神广场设计一座高塔。

埃菲尔铁塔矗立在法国巴黎的战神广场，是世界著名建筑，也是法国文化象征之一，是巴黎城市地标之一，也是巴黎最高的建筑物。它高 300 米，天线高 24 米，总高 324 米，于 1889 年建成，得名于设计它的著名建筑师、结构工程师埃菲尔。铁塔设计新颖独特，是世界建筑史上的艺术杰作，是法国巴黎的重要景点和突出标志。1889 年 5 月 15 日，为给世界博览会开幕典礼剪彩，铁塔的设计师埃菲尔亲手将法国国旗升上铁塔的 300 米高空。人们为了纪念他对法国和巴黎的这一贡献，还特意在塔下为他塑造了一座半身铜像。法国巴黎是浪漫之都，建筑物也都是低矮而且富有情调的，但是在市中心突然耸立起这个突兀的钢铁庞然大物，让巴黎市民很气愤，曾多次想拆除埃菲尔铁塔，认为它是影响巴黎市容，是巴黎最糟糕、最失败的建筑物，而现在它却成了法国甚至全世界最吸金的建筑地标，巴黎人民也接受了它，并把埃菲尔铁塔当作法国的象征。埃菲尔铁塔经历了百年风雨，但在经过 20 世纪 80 年代初的大修之后风采依旧，巍然屹立在塞纳河畔。它是全体法国人民的骄傲，也是世界的骄傲。

埃菲尔 1832 年出生于法国东部的第戎城。20 岁时以优异的成绩考上了培养工程师的法国国立工艺学院。在那里他租用了单身宿舍，经常通宵达旦埋头读书。不久，他以良好的成绩领到了工程师的毕业文凭。毕业后，埃菲尔经朋友介绍进入西部铁路局研究室任工程师。从此，埃菲尔踏上了一个建筑结构工程师的工作道路，为人类的进步与文明贡献着自己的杰出才华。1860 年，埃菲尔完成了当时法国著名的波尔多大桥工程，将长达 500 米的钢铁构件，架设在跨越吉隆河中的 6 个桥墩上。这项巨大工程的完成，使埃菲尔在整个工程界的名声大振。埃菲尔肯钻研，敢革新，大胆使用钢材和混凝土，使土木建筑从土和木中解脱出来。他为设计铁塔付出了巨大的劳动，仅设计图纸就有 5000 张。这些宝贵的资料，作为埃菲尔劳动的结晶，至今仍被人们妥善地保存在巴黎。

5.9   巴黎的新凯旋门
——巴黎德方斯新区

巴黎德方斯是巴黎的城市副中心，位于巴黎城市主轴线的西端，是以一个新区联结一个老城区的进行崛起开发式的完全现代的巴黎。区内的新凯旋门和巴黎凯旋门相呼应，代表的是新巴黎。法国最大的企业有半数坐落在这里，这里是欧洲最大的商业中心，包括很多的国际总部大厦及欧洲最大的公交换乘中心。德方斯区在规划时特别注意利用城市空间，通过开辟多平面的交通系统，严格实行人车分流的原则，车辆全部在地下三层的交通道行驶，地面全作步行、交通之用。德方斯的规划模型，中轴线上没有走汽车的地方，这要得益于完善的地下多平面的立体交通系统。

德方斯的建筑被称为德方斯新区顶端的设计，是经过一次大规模的国际设计竞赛评选出来的。由丹麦建筑师普雷卡尔森设计。它是一个长宽高均为 110 米的巨大方框体，位于德方斯轴线的末端，在垂直轴线的方向敞口。门洞宽度与爱丽舍宫一致，使得它成为起始于卢浮宫这条历史轴线的高潮、终结和新的起点。从德方斯跨过这个大门，将是巴黎

待继续发展的又一新区。因此，这是一个连通了历史，标志着今天和面向未来的不封闭式的设计，沿着巴黎的中轴线往东望去，细心的人甚至可以看到拿破仑的凯旋门。

德方斯新区的立体开发程度也是世界上绝无仅有的。五层的人工地面创造了互不干扰的人车立体分流方式，并容纳了欧洲最大的公交换乘中心，即便是过境长途公路也是立体分流的。但是，我们必须认识到，该立体分流系统是为了彻底解决新区严重的交通堵塞状况而设计的，而其交通堵塞的重要原因就是有一条穿过德方斯新区的主要交通干道同时用于过境交通运输和新区的交通运输，所以，将过境交通运输与本地交通运输进行立体分流是其规划整改的一个重要目标。

5.10   怪诞的象征主义
——法国朗香教堂

朗香教堂位于法国东部索恩地区距瑞士边界几英里的浮日山区，坐落于一座小山顶上，1950—1953 年由法国建筑大师柯布西耶设计建造，于 1955 年落成。朗香教堂的设计对现代建筑的发展产生了重要影响，被誉为 20 世纪最为震撼、最具有表现力的建筑。

当朗香教堂力邀柯布西耶为毁于第二次世界大战的教堂重新设计时，在感受现场和进行草图构思之后，他提出了这个震撼建筑界的伟大设计。在这个仅能容纳 50 人的小教堂中，柯布西耶采用了设计师所能想象到的最奇特、最具雕塑力的建筑形式。建筑主体造型如同听觉

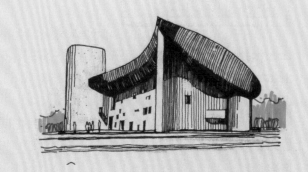

平面

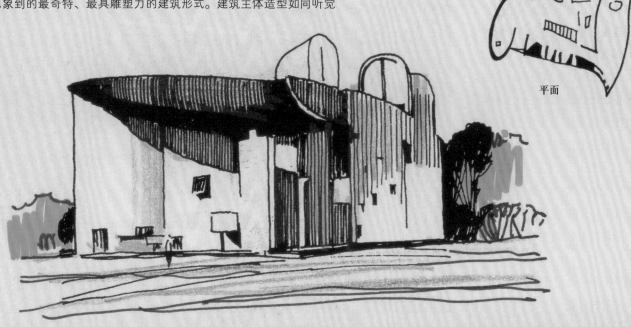

器官，在倾听与自然的对话，黑色的钢筋混凝土屋顶如诺亚方舟，粗面、厚重的混凝土墙壁之上布满大大小小的多彩点窗，并通过光的隧道将各色光奇妙地引入室内，不同厚重的建筑形体之间刻意留出的缝隙，也使室内产生奇特的光影效果。在朗香教堂的设计中，形、光、色、材融为一体，一切建筑造型只为一个目的，艺术的、超凡的表现着一种精神。朗香教堂的白色幻象盘旋在朗香村之上，教堂规模不大，仅能容纳 200 余人，教堂前有一可容万人的场地，供来此朝拜的教徒使用。

出生于瑞士的柯布西耶是现代建筑里程碑式的人物，其设计作品显示了同时代的绘画与雕塑到建筑的概念转换。在其努力变革并逃离历史风格束缚的过程中，建筑和其他视觉艺术共享了进入抽象的旅程。朗香教堂是柯布西耶的重要作品，代表了柯布西耶创作风格的转变，在朗香教堂的设计中，柯布西耶脱离了理性主义，转到了浪漫主义和神秘主义。

柯布西耶生前曾说了不少和写了不少关于朗香教堂的事情，都是很重要的材料，有时候创作者本人也不一定能把自己的创作过程讲得十分清楚。艺术创作过程至今仍是难以说清的问题，需要对其展开深入细致的科学研究。他留下大量的笔记本、速写本、草图、随意勾画和注写的纸片，以及他平素收集的剪报、来往信函等。这些东西由几个学术机构保管起来，柯布西耶基金会收藏的最集中。一些学者在那些地方进行多年的整理、发掘和细致的研究，陆续提出了很多有价值的报告。一些曾经为他工作的人也写了不少回忆文章。各种材料加在一起，使我们今天对于朗香教堂的构思进程有了稍微清楚一点的了解。柯布西耶有一段关于自己的一般创作方法的叙述：一项任务下来，我的习惯是把它存在脑子里，几个月一笔也不画。人的大脑有独立性，那是一个匣子，尽可往里面大量存入同问题有关的资料信息，让其在里面游动、研究、发酵。然后，到某一天，你抓过一支铅笔，一根炭条，一些色笔，在纸上画来画去，想法出来了。这段话讲的是动笔之前，要做许多准备工作，要在脑子中酝酿。

5.11　巨大的圆形航站楼
——法国巴黎戴高乐机场

　　戴高乐机场坐落于巴黎，以法国前总统戴高乐的名字命名。位于巴黎东北25千米处的鲁瓦西。其旅客流量位列欧洲机场第二，与区域铁路和高速铁路系统相连。这座建筑由法国著名建筑师安德鲁设计。戴高乐机场现有9座航站楼，其中圆形航站楼最为著名。建筑平面为圆形，主体建筑7层，有地下通道与周边建筑联系，具有快捷的进出连线。

　　安德鲁1938年出生于法国波尔市附近的冈戴昂。毕业于法国高等工科学校和巴黎美术学院。

1967 年在他 29 岁的时候，设计了圆形的巴黎查尔斯·戴高乐机场候机楼。从此，作为巴黎机场公司的首席建筑师，他参与了许多大型项目的建设，像巴黎德方斯地区的拱门、英法跨海隧道的法方终点站等。在他的影响下，巴黎机场公司的经营项目逐渐向大型标志性建筑设计的方向发展。提到安德鲁和巴黎机场公司，很多人自然而然地把其与机场设计联系在一起，因为他们的确有丰富的设计经验，时至今日共设计了 50 余座机场。然而，建筑类型和数量只是品评建筑的一种表征，大量的问题与技术、材料、艺术等紧密联系在一起，最终传达出建筑设计水平的高低，而这些却正是我们亟待提高的重要内容。安德鲁的作品系列和建筑追求是非常独特的，作为他的代表作之一的戴高乐机场的建设历经 30 余年，有着高品质的完成度和撼人心魄的感染力。

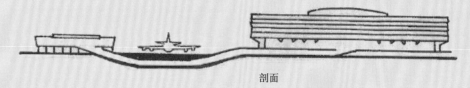

剖面

5.12　充满艺术气息的殿堂
——法国巴黎音乐城

　　1994 年法国建筑师波札姆帕克在世界 500 位候选人中脱颖而出，被评为当年美国普利兹克建筑奖得主。1990 年建成的巴黎音乐城是这位建筑师最著名的作品。

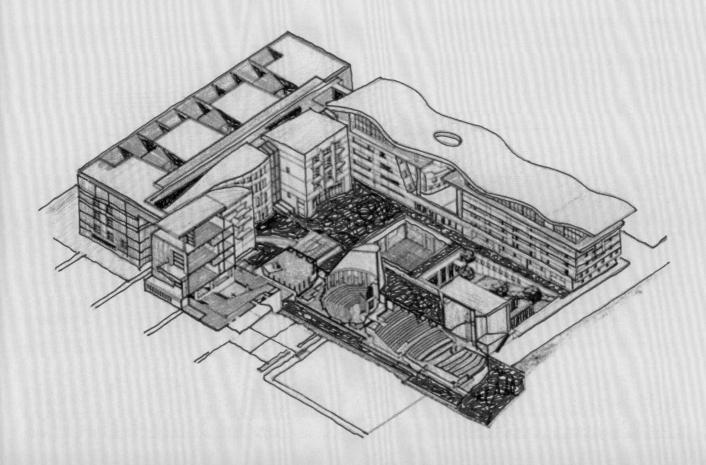

音乐城位于巴黎拉维莱特公园的南入口附近。它的对面就是国家音乐和舞蹈学院。音乐城包括1个音乐厅、100间琴房、15个音乐教室、1个音乐博物馆和100名学生居住的学生宿舍。建筑布置及形式考虑到声学上的要求，一部分房屋上有波浪形屋顶。建筑体形既简洁又错综复杂。波札姆帕克主张建筑要不断地重新创造。有的评论者认为波氏获奖是"一个反传统者的胜利"。

采用大量分离的小块是音乐城的建筑特色，这种特色并不会与线条的流畅性以及外表装饰的细致性相矛盾。音乐城最为抢眼的外观设计是巨大的波浪型屋顶，流露出奔放的音乐节奏。波浪顶部的圆形透光孔让阳光调节建筑自身的明暗色调，打破了现代建筑中规中矩的严谨形态，很受浪漫的法

国人的欢迎。在音乐厅的整个设计中，采用了多种有趣的形态设计来达到雕塑性的目的。并希望借这种雕塑性的表达方式使建筑散发出更多的文化风采。音乐城里的展厅空间感也极强，水泥颜色的墙壁充满当代艺术气息。

音乐博物馆的浏览顺序加强了对空间的感受，首层的第一展厅主题是歌剧的诞生，然后上行到第三层思想启蒙时期，到了四层以其极高的天顶又被恰如其分地切分为高低不同的两层，分为欧洲浪漫主义时期以及历史的加速期。最后一个展厅世界音乐则是回到二层结束。整个顺序设置丝毫让人感受不到跳跃，在展览结束之时，往往会让人感叹展览设计之精妙，不同的楼层高度突破了人们传统理念中建筑的呆板之感，使其充满灵动感，巨大的空间让人几乎迷失其中又在历史的追溯中找到去路。最后的世界音乐则让人一睹充满异国风味的乐器。

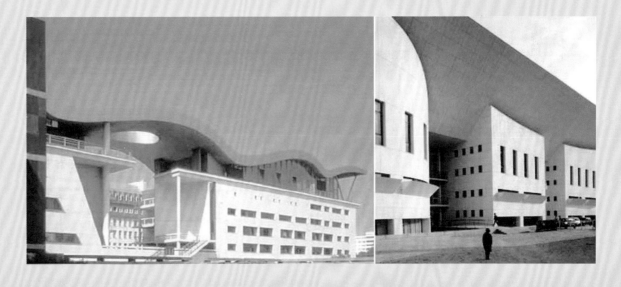

5.13 巴黎的文化工厂
——蓬皮杜国家艺术文化中心

蓬皮杜国家艺术文化中心坐落在巴黎拉丁区北侧、塞纳河右岸的博堡大街，该现代化建筑是已故法国总统蓬皮杜于 1969 年决定兴建的。文化中心的外部钢架林立、管道纵横，并且根据不同功能分别漆上红、黄、蓝、绿、白等颜色。因这座现代化的建筑外观极像一座工厂，又有"文化工厂"之称。

蓬皮杜艺术中心于 1972 年正式动工，1977 年建成，同年 2 月开馆。整座建筑占地 7500 平方米，建筑面积共 10 万平方米，地上 6 层。整座建筑共分为工业创造中心、大众知识图书馆、现代艺术馆以及音乐与声乐研究中心四大部分。建筑布局中的中心大厦南北长 168 米，宽 60 米，高 42 米，分为 6 层。大厦的支架由两排间距为 48 米的钢管柱构成，楼板可上下移动。楼梯及所有设备完全暴露。东立面的管道和西立面的走廊均为有机玻璃圆形长罩所覆盖。大厦内部设有现代艺术博物馆、图书馆和工业设计中心。南面小广场的地下有音乐和声学研究所。中心打破了文化建筑所应有的设计常规，突出强调现代科学技术同文化艺术的密切关系，是现代建筑中高技派的最典型的代表作。1969 年时，法国总统蓬皮杜为纪念带领法国于第二次世界大战时击退希特勒的戴高乐总统，倡议兴建一座现代艺术馆。

大楼的每一层都是一个长 166 米、宽 44.8 米、高 7 米的巨大空间。整个建筑物由 28 根圆形钢管柱支撑。其中除去一道防火隔墙以外，没有一根内柱，也没有其他固定墙面。各种使用空间由活动隔断、屏幕、家具或栏杆临时大致划分，内部布置和陈设可以随时改变，使用灵活方便。设计者曾设想让楼板可以上下移动，从而可以调整楼层高度，但未能实现。蓬皮杜艺术中心外貌奇特。钢结构梁、柱、桁、架、拉杆等甚至涂上颜色的各种管线都不加遮掩地暴露在立面上。红色的是交通运输设备，蓝色的是空调设备，绿色的是给水、排水管道，黄色的是电气设施和管线。人们从大街上可以望见复杂的建筑内部设备，五彩缤纷，琳琅满目。在面对广场一侧的建筑立面上悬挂着一条巨大的透明圆管，里面安装有自动扶梯，作为上下楼层的主要交通工具。设计者把这些布置在建筑外面，目的之一是使楼层内部空间不受阻隔。蓬皮杜艺术文化中心创造了一种新的建筑艺术模式，令人耳目一新。

5.14　独出心裁的居住单元盒子
——法国马赛公寓

　　马赛公寓是一个非常成功的建筑，它建成后立刻就被欧洲年轻的建筑师所仿效，马赛公寓代表柯布希埃对于住宅和公共居住问题研究的高潮点。结合了他对于现代建筑的各种思想，尤其是关于个人与社会之间的关系的思考。那里的居民都已经形成一个集体性社会，就像一个小村庄，共同过着祸福与共的生活。没有任何个人的牺牲，因为每一公寓单元都是隔声的，与周围的山光水色的环境保持直接的接触，拥有雕刻般的雄浑力量。

剖面

马赛公寓长 165 米，宽 24 米，高 56 米。地面层是敞开的柱墩，上面有 17 层，其中 1～6 层和 9～17 层是居住层，可住 337 户，可居住 1600 人。这里有 23 种适合各种类型住户的单元，从单身汉到有 8 个孩子的家庭都可在这儿找到合适的住房。大部分住房采用跃层式的布局，有独用小楼梯上下连接，将两层空间连成一体，起居厅两层相通，达到 4.8 米高，每三层只需设一条公共走道，节省了交通面积。

被设计者称为居住单元盒子的马赛公寓，按当时的尺度标准来计算，它是巨大的，通过支柱层支撑住大面积的花园，这种做法是受一种古代瑞士住宅——小棚屋通过支柱落在水上的启发。主要立面朝东和西向，架空层用来停车和通风，还设有入口、电梯厅和管理员房间。马赛公寓户型多样，提高了居民选择的自由度，突破了承重结构的限制。3.66 米 ×4.80 米大块玻璃窗满足了观景的开阔视野需求，在第 7、8 层布置了各式商店，如鱼店、奶店、水果店、蔬菜店、洗衣店、饮料店等，满足居民的各种生活需求，幼儿园和托儿所设在顶层，通过坡道可到达屋顶花园。屋顶上设有小游泳池、儿童游戏场地、一条 200 米长的跑道、健身房、日光浴室，还有一些服务设施，被柯布西耶称为室外家具，如混凝土桌子、人造小山、花架、通风井、室外楼梯、开放的剧院和电影院，所有一切与周围景色融为一体，相得益彰。他把屋顶花园想象成在大海中航行的船只的甲板，供游人欣赏天际线下美丽的景色，并让游人从户外游戏和活动中获得乐趣。

马赛公寓的出现进一步体现了柯布西耶的新建筑的五个特征，建筑被巨大的支柱支撑着，看上去像大象的四条腿，它们都是用未经加工的混凝土做的，也就是大家都知道的粗面混凝土，它是柯布西耶在那个时代所使用的最主要的技术手段，立面材料形成的粗野外观与战后流行的全白色的外观形式形成鲜明对比，引起当时评论界的争论，一些瑞士、荷兰和瑞典的造访者甚至认为表面的痕迹是材料本身缺点和施工技术差所致，但这是柯布西耶刻意要产生的效果，他试图将这些粗鲁的、自发的、看似随意的处理与室内精细的细节及现代建筑技术并置起来，在美学上产生强烈对比的效果和感受。

5.15 会呼吸的绿色建筑
——柏林德国国会大厦

内景

穹顶

柏林的德国国会大厦建于 1884 年，由德国建筑师瓦洛特设计，采用的是古典主义风格，最初为德意志帝国的议会场所。1933 年 2 月 27 日大厦失火，部分建筑被毁，失火原因不明。第二次世界大战中，大厦遭到严重毁坏。1945 年 4 月 30 日，苏联红军把红旗插上国会大厦的屋顶，宣布了反法西斯战争的胜利。历经百年沧桑，几经战火，旧的国会大厦已是残缺不整，20 世纪 60 年代的扩建与维修显得很不实际，且传统的布局也无法容纳新的功能。为改变这一状况，德国政府举办国际竞标，最终英国建筑师福斯特的方案中标。福斯特素以高技派风格著称于世。在这一方案中，他将高技派手法与传统建筑模式巧妙结合：保留建筑的外墙不变，而将室内全部掏空，以钢结构重做内部结构体系。经过福斯特的大手笔处理，国会大厦这一古老庄严的外壳里包裹的便是一座现代化的新建筑。建筑底层及两侧的几层空间内安排着联邦议院主席团、元老委员会行政管理机构办公室以及议会党团厅和记者大厅，中央为两层高的椭圆形全会厅。全会厅上层三边环绕大量的观众席，普通公民可

以在观众席自由地观看联邦议院的辩论。中央穹顶在第二次世界大战中被毁后便未能重建，这次福斯特创造了一个全新的玻璃穹顶，其内为两座交错走向的螺旋式通道，由裸露的全钢结构支撑，参观者可以通过它到达 50 米高的瞭望平台，眺望柏林的景色。

夜间，穹顶从内部照明，从而为德国首都创造了一个新的城市标志。古典的穹顶早已茫然无存，现在建造的肯定不是真古董。既然如此，何必拘泥于瓦洛特当年的设计。福斯特的这一处理既满足了新的功能要求，又赋予这一古老建筑以新的形象。1995 年国会大厦又一次成为新闻界和公众注意的焦点。

国会大厦重新被扣上了一个以钢为骨架、以玻璃为幕墙的圆顶。这个被人戏称为鸡蛋的圆顶造型简洁有力，体现着当代建筑美学的风格，又是一件技术上和艺术上的杰作。从其顶端悬下一根形似海中旋涡的漏斗状的柱子，从穹顶的最上方，一直往下延伸至下层的议会大厅内，从下方看去，很像交响乐团中的乐器，人们站在吹嘴一端，而喇叭形的大口则冲向无尽广阔的蓝天，单从结构而言，就隐含了功能之外的诗意。"漏斗"上镶嵌着 360 块活动镜面，整齐划一把阳光折射进议会大厅，从而降低照明能源消耗。同样，为了不让直射的阳光晃眼，在琉璃圆顶的内侧安装了可移动的铝网，由电子计算机按照太阳的运动自动调控位置，其能源来自于国会大厦屋顶上的太阳能电池。

透明穹顶使建筑得以呼吸，光线、微风和雨水这些自然元素在穹顶的助力下，改变了德国国会大厦单调的能源结构，使其成为能够呼吸的绿色建筑。

5.16　欧洲传统文化的见证
——德国科隆大教堂

　　科隆大教堂是位于德国科隆的一座天主教主教堂，是科隆市的标志性建筑物。在所有教堂中，它的高度居德国第二，世界第三。论规模，它是欧洲北部最大的教堂。集宏伟与细腻于一身，它被誉为哥特式教堂建筑中最完美的典范。它始建于1248年，工程时断时续，至1880年才宣告完工，耗时超过600年，至今仍修缮工程不断。1996年科隆大教堂被列入世界遗产名录。

教堂占地8000平方米，建筑面积约6000平方米，东西长144.55米，南北宽86.25米，面积相当于一个足球场。它是由两座最高塔的主门、内部以十字形平面为主体的建筑群。一般教堂的长廊，多为东西向三进，与南北向的横廊交会于圣坛形成十字架状；科隆大教堂为罕见的五进建筑，内部空间挑高又加宽，高塔将人的视线引向上天。自1864年科隆发行彩票筹集资金至1880年落成，它不断被加高加宽，而且建筑物全由磨光石块砌成，共由16万吨石头如同石笋般建筑而成，整个工程共用去40万吨石材。教堂四壁装有描绘圣经人物的彩色玻璃，钟楼上装有5座响钟，最重的达24吨；响钟齐鸣，声音洪亮。教堂中央是两座与上墙连砌在一起的双尖塔，南塔高157.31米，北塔高157.38米，是全欧洲第二高的尖塔，教堂外型除两座高塔外，还有1.1万座小尖塔烘托。双尖塔像一把锋利的宝剑，直插云霄。科隆大教堂每个构件都十分精确，时到今日，专家学者们也没有找到当时的建筑计算公式。夜色中的科隆大教堂最为壮观，在灯光的辉映下，教堂显得荧光闪烁，灿烂夺目，美不胜收。装在四周各建筑物上的聚光灯向教堂射出一道道青蓝色的冷光，照在宏伟的建筑上，蓝莹莹地璀璨晶亮，仿佛嵌上了蓝色的宝石，染上了绮丽的神秘色彩。教堂中央的双尖顶直冲云霄，一连串的尖拱窗驮着陡峭的屋顶，使得整座教堂显得清奇冷峻，充满力量。这里成为著名的浏览胜地，游客们来到著名的科隆大教堂旁，由衷的赞叹不绝于耳。这座用磨光大理石砌成的大教堂，其内外雕刻物皆似鬼斧神工之作；教堂里森然罗列的高大石柱，鲜艳缤纷的彩色玻璃，精致的拱廊式屋顶以及凌空升腾的双塔皆气势傲然。登至150多米的塔顶，俯瞰市区，科隆美景一览无遗。科隆大教堂的巍峨壮观令所有瞻仰它的人叹为观止。

科隆大教堂内有很多珍藏品。第二次世界大战期间，教堂部分遭到破坏，近20年来一直在进行修复，作为欧洲文化传统见证者的科隆大教堂最终得以保存。

5.17　蓬布张力结构建筑
——德国慕尼黑奥运体育场馆

　　慕尼黑奥林匹克体育场位于慕尼黑奥林匹克公园的中心，是 1972 年德国慕尼黑夏季奥运会的主体育场，以颇具革命性的帐篷式屋顶结构闻名。它作为德国的国家体育场，能够举办大部分的国际体育赛事。这里也曾举办过 1974 年世界足球赛和 1988 年欧洲足球锦标赛的决赛，以及 3 届欧洲冠军联赛的决赛。从 1972 年至 2005 年，慕尼黑奥林匹克体育场作为德国球队拜仁慕尼黑的主场被使用。

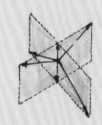

著名的慕尼黑奥林匹克公园是一组高度集中的特大型体育建筑群。也是目前慕尼黑市民最佳的运动去处。建筑设计的主导思想是近距离的奥运会。政府则提出要配合城市规划环境进行环境改造。慕尼黑是一个非常拥挤的城市，挤出地方修建体育场馆是相当困难的。当局选中了距市中心 4 千米的一处报废机场。体育建筑体量庞大，形象独特，对环境影响很大，环境和谐是完美体育建筑创作的重要环节。国内外优秀体育建筑无不依托环境特点展开创作。慕尼黑奥运公署正是由于在这方面的成功，受到了人们的赞赏和喜爱。慕尼黑体育公园于 1968 年开始施工，到 1972 年陆续建成，整个公园由 33 个体育场馆组成，包括面积为 85000 平方米的可容纳 80000 名观众的奥林匹克体场；可容纳 9000 名观众的游泳池，拥有 14000 个坐席的综合体育馆、拥有 5000 个坐席的自行车场、拥有 10200 个坐席的冰球场以及拥有 7200 个坐席的拳击馆等。此外还有大型的水上运动湖、可住 12000 名运动员的奥林匹克村和新闻中心、高 290 米的电视塔等。

奥林匹克主体育场是由 45 岁的斯图加特建筑师拜尼施受 1967 年蒙特利尔世界博览会上德国一个小小的帐篷式结构的启发而建造的。其新颖之处就在于它有着半透明帐篷形的棚顶，覆盖面积达 85000 平方米，可以使数万名观众避免日晒雨淋。整个棚顶呈圆锥形，由网索钢缆组成，每一网格为 75cm×75cm，网索屋顶镶嵌浅灰棕色丙烯塑料玻璃，用氟丁橡胶卡将玻璃卡在铝框中，使覆盖部分内光线充足且柔和。独具匠心的拜尼施以蜿蜒的奥林匹克湖为背景，将奥运会的主要比赛馆包容在连绵的帐篷式悬空顶篷之下，将体育场馆与自然景观融为一体，为激烈的比赛带来了大自然的温馨感。体育场不仅外形别具一格，而且配套设备齐全。看台共有 4.7 万个座位和 3.3 万个站席，观众离场上最远处的距离为 195 米。

西看台上面最高处有体育评论员室。南北看台上方装有电子显示牌。看台下面设有更衣室、休息室、工程技术室、诊疗室、会议厅、贵宾室和新闻记者室等，还有停车场、小卖部、餐厅和必要的通信设施用房。场内铺设了天然草皮，草皮下 25 厘米处按照设计铺设了全长 18.95 千米的管道，形成加热管道网，冷天可以导入热水，增加场地的温度，这样可以保证草皮四季常青。运动场的跑道是塑料跑道。奥林匹克火炬塔安装在体育场南侧的小山丘上，这样从各体育场都可以看到火炬塔。慕尼黑奥运场馆虽然已建成 40 多年，它独特的造型仍然受到各国游客赞赏和欢迎。

5.18　包豪斯现代主义建筑的模板
——德国包豪斯学校

　　包豪斯学校是德国著名建筑师格罗皮乌斯于 1919 年在德国兴办的一所设计学校。该校实行新的设计教学方法，是 20 世纪 20 年代现代主义建筑和工艺设计的中心，影响很大。

　　1925 年包豪斯迁到德骚市，格罗皮乌斯及其助手设计了这座新校舍。在资金拮据的情况下，设计周到地考虑了多种实用功能。建筑造型则完全摆脱历史上已有的建筑格局和样式，体现出灵活自由的构图和清新简朴的建筑艺术风格。在现代主义建筑史上，这座建筑和包豪斯学校一样，起了重要的推动作用。

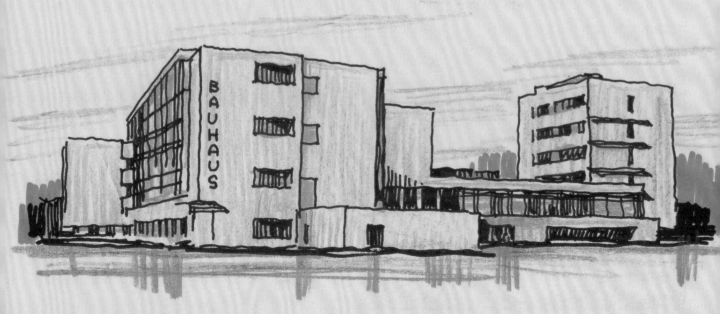

包豪斯学校注重基础课的理论与实践并举，通过一系列理性、严格的视觉训练程序，重塑学生观察世界的崭新方式，同时开设了印刷、玻璃、绘画、金属、家具细木、织造、摄影、壁画、舞台、书籍装订、陶艺、建筑、策展13种不同专业的工作坊，培养学生精准的实际操作能力。这种教学方式在当时传统的学院派看来是十分另类的，但它后来却几乎成为全世界现代艺术和设计教学的通用模式。

包豪斯作为一种设计体系在当年风靡整个世界，在现代工业设计领域中，它的思想和美学趣味可以说整整影响了一代人。虽然后现代主义的崛起对包豪斯的设计思想来说是种冲击、一种挑战，但包豪斯的某些思想、观念对现代工业设计和技术美学仍然有启迪的作用，特别是对发展中国家的工业设计道路的方向和选择是有帮助的。它的原则和概念对一切工业设计都是有影响作用的。

按照建筑的实用功能，采用非对称、不规则、灵活的布局与构图手法，充分发挥现代建筑材料和结构的特性，运用建筑本身的各种构件创造出令人耳目一新的视觉效果。与当时传统的公共建筑相比，校舍墙身虽无壁柱、雕刻、花饰，但通过对窗格、雨罩、露台栏杆、幕墙与实墙的精心搭配和处理，创造出简洁、清新、朴实并富动感的建筑艺术形象，而且造价低廉，建造工期缩短。它们后来成为包豪斯建筑风格的鼻祖，也是现代主义建筑的先声和典范，更是现代建筑史上的一个里程碑。包豪斯校舍建筑在1996年被联合国教科文组织列为世界文化遗产，一直以来也是吸引许多游客光顾的旅游景点。学校解散后，格罗皮乌斯、密斯等一批包豪斯的中坚力量和主要人物先后来到英国、美国等国。他们整理出版包豪斯的教案、数据和学生作业，使包豪斯的学说传遍世界，带动了20世纪中期各地建筑和工艺美术教育的改革，并极大地激发了学生的创造力，也对全球建筑和工业产品设计领域产生了巨大影响。梁思成先生1948年在清华大学建筑系授课时，就采用了从美国带回的包豪斯教育理念和教学资料，同时聘请木工大师在木工房教学生木工手艺，使包豪斯在中国开始传播。最终，以突出实用功能、利用先进技术和追求经济效益为特征的包豪斯风格和流派在建筑和艺术界形成风靡之势，它适应了现代工业生产和人类生活的实际需要。

5.19　解构主义建筑的范例
——德国柏林国际会议中心

　　柏林国际会议中心是世界最大的会议场所之一，位于柏林市西部。总建筑面积约 13 万平方米，体积 80 万立方米。

　　会议中心的建筑师是舒勒维特，会议中心于 1979 年建成。这个庞大的建筑物长 313 米，高 40 米。内部功能复杂，大会议厅可容纳 5000 人，大宴会厅可容纳 4000 人，整个中心可同时容纳两万人。因为内部有许多大跨度厅堂，采用了特殊的结构体系，从外部可见巨大的钢桁架。内部机电设备先进完善。整个建筑被当作一个庞大复杂的机器来处理，体现了 20 世纪初未来派的建筑主张和技术美学思想，是解构主义建筑的范例。

什么是解构主义建筑的原则和特征，至今仍无公认的看法，有的评论者的见解虚玄深奥，非常难懂。事实上，纽约展览会展出的7位建筑师的作品，都是先前发表过的，原来并没有戴解构主义的帽子，有的人自己也不认为自己是解构主义的建筑师。另外，有的评论者认为，解构主义建筑的系谱可以上溯到20世纪20年代前后俄国构成主义派的雕塑和未实现的建筑方案。

房屋是器，哲学是道，道与器有关系，但两者的关系是多层次的、复杂的、曲折的，并且是各式各样的。一般说来，建筑不能直接表达某种哲学观点，而是经过一些中介因素间接地传达出一种哲学观点的影响，其中常起作用的重要的中介因素之一是美学观念。一种哲学观点（宇宙观、世界观、人生观）影响和改变人的审美观念，改变了的审美观念之后又进一步影响和改变人的关于形式的观念，即改变人心目中理想的形式和期望的形象。艺术家和建筑师努力去探寻能够体现新的审美观念的从而使人感到有意味的形式。新的有意味的形式和有意味的建筑于是被创造出来，它们是改变了的审美情趣外化的结果。解构主义建筑进一步突破传统建筑的形式禁忌，完全拒绝传统建筑艺术所强调的完整统一、整齐规则、严谨有序等构图章法，尝试塑造一种前所未见的建筑形象。其中显示的叛逆性及异端精神同德里达的颠覆西方传统文化的解构主义哲学观点是相通的。

建筑艺术中的异端精神并非自今日始，在20世纪初就达到了第一个高潮，最近则是以解构主义建筑的名目出现的又一次冲击波。它的影响会有多大，时间能有多长，尚待观察。这一次的冲击除了同哲学上的解构主义思想有关联外，同科学新进展对人们思想的影响也有一定的关系。

5.20　卡拉扬钟爱的音乐厅
——柏林爱乐音乐厅

　　柏林爱乐音乐厅由德国著名建筑师夏隆设计，于 1963 年建成。夏隆 20 世纪 20 年代参加了现代建筑运动，第二次世界大战后，夏隆的作品开始重视建筑的有机性。设计这座音乐厅时，夏隆认为应让音乐演奏者在听众之中演出，增加相互交流之感。他仿效昔日农村音乐家在山谷中演出，农民散在四周坡地上聆听的情景，把听众席化整为零，分为许多小区块，高低错落，环绕演奏区，又把大厅的顶棚做成天幕的形式。因此，这座音乐厅的内景与外形呈现着变化丰富、曲折自由的独特景象，令人激奋，演出的音响效果也非常完美，是 20 世纪中期建造的非常成功的一座音乐厅。世界著名指挥大师卡拉声曾长期在此指挥演出，担任柏林爱乐乐团的指挥和团长。

音乐厅设计出来主要是给交响乐和室内乐演出用的，主场音乐厅有 2440 个座位，这也是卡拉扬经常在此演出的并常常赞颂不已的一个演奏厅。而供交响乐或者独奏演出的小音乐厅则有 1180 个座位。音乐厅还设有各种乐部的练琴室。

柏林爱乐乐团毫无疑问是世界上最顶尖的交响乐团之一。而波茨坦广场附近的柏林爱乐乐团音乐厅，又是集建筑设计和声响效果之大成者。著名的柏林爱乐乐团的主场音乐厅，坐落在波茨坦广场附近，主体建筑、室内乐厅等于 1963 年建成，为不对称帐篷形的建筑，内部音响效果极佳，为世界最著名的音乐厅之一。

柏林爱乐音乐厅是在原来的交响乐厅旁边建造的，于 1987 年完工，风格几乎与交响乐厅完全一样，仅仅是把观众席正面长出去的那部分切掉了，使之成为一个中心对称的八角形布局。全新的舞台设计将表演者置于大厅中心，四周是自由伸展的不对称的观众席，夏隆对于第二次世界大战后的德国建筑设计有相

当大的影响，并且它的精神持续不断地延伸到世界各地。柏林爱乐音乐厅的前厅安置在观众厅的正下面，由于观众厅的底面如同一个大锅底，其下的前厅的空间高矮不一，其中还布置着许多柱子的进口，因而这个音乐厅的前厅的空间形状极其复杂，路线非常曲折。初次来此的人会对其产生扑朔迷离、摸不清门路而丰富诱人的印象。进入观众厅内，看到的又是如同山口葡萄园似的景象。听众席化整为零，分为一小块一小块小区，它们之间用矮墙隔开，高低错落，方向不一，但都朝向位于大厅中间的演奏区。由于化整为零，一般大观众厅常有的大尺度空间被化解了，确实呈现出亲切、轻松、潇洒的气氛。爱乐音乐厅的外形由内部的空间形状决定。周围墙体曲折多变，屋顶的形状由内里的天幕似的天花板确定。整个建筑物的内外形体都极不规整，令人耳目一新。

5.21　后现代主义建筑的代表作
——德国斯图加特美术馆

　　德国斯图加特国立美术馆是斯图亚特名气最大的建筑物，坐落在市中心边缘的一个坡地上。始建于 1838 年建成的老馆旁边，于 1983 年建成。新国立美术馆由英国后现代建筑大师斯特林设计，也是他一生中最重要的作品。他也因此获得 1981 年建筑界最高荣誉普利兹克奖。建筑各个细部颇有斯特林 20 世纪五六十年代追随高技派的痕迹。而各种相异的成分相互碰撞，各种符号混杂并存，体现了后现代追求的矛盾性和混杂性。

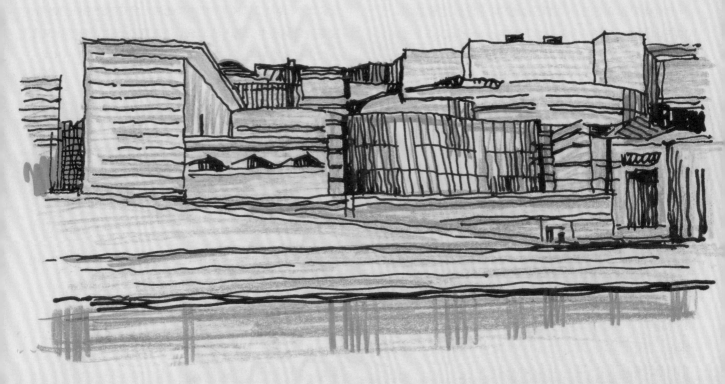

斯图加特美术馆新馆由美术馆、剧场、音乐教学楼、图书馆及办公楼组成，不仅功能复杂，而且在建筑形式与装饰上也采用了多种手法加以组合，既有古典的平面布局，也有现代元素的构成韵味，给人以耳目一新的感受。建筑采用花岗石和大理石为建筑材料，局部采用古典主义的细节，如拱券、天井。但整体上还是以现代主义风格处理，如玻璃幕墙、粉红色的巨大扶手、结构细节等。现代主义风格和古典主义在一起，造成了特殊的效果。斯特林采用简单的立体主义外形，低矮的整体，使新建筑在视觉上超越旧建筑，细节上表现为在门口以标准的古典主义的轮廓开口，造成古典三角门楣。是利用古典符号达到后现代主义形式主张的典型例子。整座建筑有明快的色调、流畅的线条，是古典和现代的完美结合，被誉为后现代主义建筑的代表作。馆内主要收藏现当代作品，尤其是印象派和立体派的重要作品，收藏有毕加索各阶段的作品以及其他现代画家相当多的作品。

斯图加特州美术馆新馆，是对老美术馆的扩建，新馆包括报告厅、咖啡厅、剧场、音乐学院等内容。为解决场地两侧巨大的城市高差，斯特林的设计巧妙地把场地的斜坡融合成为建筑的室外休闲步行区，这条动人的步行道贯穿了新旧美术馆，把城市两侧的人群吸引到美术馆内，让人们自然地参与其中，他把古典艺术的老馆与现代艺术的新馆通过建筑间回应无缝衔接起来。

美术馆新馆的巨型展厅围绕一个圆形的露天雕塑庭院，这一中庭是新馆在空间组织上的枢纽。虽然新建的平面布局对称严谨，但斯特林通过各个功能体量的形式上的不同处理，并引入平台、坡道等，塑造了一个错落有致的生动的城市景观。在新馆室内展厅的设计上，斯特林采用了 19 世界古典博物馆的传统做法，展厅被严格组织在一条轴线上，各展厅间门上的三角装饰以及圆形的展厅号标注等都散发出浓烈的古典主义气息。总的来说斯特林的斯图加特州美术馆新馆尊重了历史环境，把抽象的建筑布局原则与形象的传统建筑的历史片段相结合，将纪念性与非纪念性、严肃与活泼、传统与高科技等一系列矛盾统一在一起，将城市与建筑融合到一起，开辟了德国博物馆建筑史上的一片新天地。

5.22 结构独特的宝马办公大楼
——慕尼黑宝马公司大楼

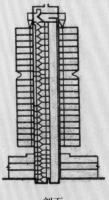

剖面

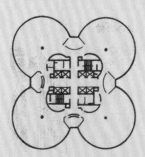

标准层平面

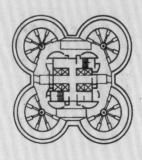

屋顶层平面

宝马公司成立于 1916 年，原为小型飞机制造厂，后以宝马摩托声名大噪，随即成为世界高档汽车的制造商。宝马大厦一旁的宝马博物馆，为银色碗状建筑，内分三层。宝马博物馆内收藏有宝马经典款式的摩托车和汽车 300 多辆，其中邦德乘驾的经典车款 Z5 和曾经环球旅程的宝马摩托车都在一楼展出。宝马博物馆的展品以时间顺序陈列，通过参观可以清楚看到宝马各个时代的车型变迁，不过最令车迷激动的还是前卫的概念车，从这里可以一窥未来汽车的发展趋势。宝马博物馆不但会提供播放英文解说的耳机，还设有小电影院，播放宝马发展的资料片。宝马博物馆也曾进行了翻修工程，2007 年夏天重新开放，内部空间更为开阔，结构设置更为合理。

宝马总部所在的宝马大厦，是 1973 年由奥地利建筑学家施万策尔设计的，各个楼层并非普通建筑般整体建造，而是"拼接"而成，即将各个楼层以液压设备升到所在高度，放置在事先建好的支柱上。宝马大厦外观形如发动机，为紧挨的四个圆柱体，又被称

为四缸大厦。在 2004 年时，宝马大厦进行了翻修，在保持原有外观的基础上，重新调整了内部结构，并添加了一些高端的防火和保护措施，以适应现在的需求。

联邦德国慕尼黑巴伐利亚发动机办公楼由三部分组成，即低层共用辅助部分，矗立在上面的高层建筑部分以及碗状的陈列馆。陈列馆作为美化市容的一个重点，布置在两条干道的岔口，在碗状的大空间内设置了个标高不同的陈列平台，人们可以循着一条凌空的螺旋形坡道参观。大厅中心有一组放映室，四周弧形墙面上投射出全景电影。建筑物的高层部分采用了一种罕见的悬挂式结构，这是由特定的建筑条件的花瓣形平面组成的，四个花瓣形办公单元的重量，由四根预应力钢筋混凝吊杆承受，吊杆悬挂在中央电梯井挑出的支架上。和这种结构形式相适应，还采用了升层式施工方法，在技术上和经济上都取得了良好的效果。外墙采用了铸铝构件，整个建筑造型挺拔秀丽，阳光下闪烁着银色的光芒。建筑的外形，直与曲的形体、高与矮的体量形成了鲜明的对比，造成了凌空悬立的立面形象，给人耳目一新的感觉。

5.23 象征相对的建筑
——德国爱因斯坦天文台

位于波茨坦的爱因斯坦天文台是德国早期表现主义建筑的代表作。由德国建筑师门德尔松于 1917 年设计，并于 1921 年建成。这座以著名科学家名字命名的建筑，却并未采用最先进的技术来建造，塔体大部分用砖砌筑，但其流线形的造型却对后来尤其是美国工业建筑产生了极其深刻的影响。

我们都知道，爱因斯坦是一位伟大的科学家，他所创立的相对论使科学发展进入了一个崭新的天地，为了纪念爱因斯坦所做出的伟大贡献，并进一步发展对相对论的研究，1917年，德国政府决定在柏林郊区波茨坦建立一座以爱因斯坦命名的天文台，4年之后，一座奇怪的建筑物矗立了起来，它有着弯弯曲曲的墙面，浑圆的线条，深深的黑洞一般的窗户，处处透出一种神秘感，似乎代表着宇宙中的什么神秘事物，又好像是一个带着圆盔的怪人注视着远方，在述说着爱因斯坦的有关天体物理学的一个梦。建筑物上部的圆顶是一个天文观测室，下面则是若干个天体物理实验室，整幢建筑物的最初设计都是采用钢筋水泥建造，这样可以发挥水泥的可塑性以完成一个巨型的纪念性雕塑，但后来由于材料供应发生了问题，只好改用砖砌，快到顶时，用水泥建造圆顶，并最终用水泥将整个建筑的外立面装饰一遍，给人一种浑然一体、都是用混凝土建造的假象。尽管如此，建筑物依然达到了它设计时所具有的神秘感，并对后人运用混凝土建造各种曲线形造型起了深远的影响。

这幢著名建筑的设计师是一个德国犹太人门德尔松，当建筑物完成之后，他邀请爱因斯坦博士到天文台看一看，当然，他忐忑不安地想听到这位大科学家的看法。爱因斯坦慢慢地环绕建筑物走了一圈，他非常仔细地看了建筑的内部，但结果一个字也没说。一个小时之后，在大家一起参加的一个会议上，爱因斯坦突然站了起来，穿过房间走到设计师身边，俯身在他耳边小声低语道："妙极了！"的确，几乎没有更好的文字能够用来形容这幢建筑物了，这幢建筑物正如一幢有机的整体，它的每一个部分都同整体密不可分。看来，爱因斯坦非常满意，设计师一颗悬着的心终于放了下来。

5.24   展现探索精神的德国工厂建筑
——通用电气公司透平机工厂

通用电气公司（AEG）透平机工厂坐落于德国柏林，由建筑师贝伦斯设计。1908 年德著名建筑师贝伦斯（1868—1940）为德国通用电气公司设计透平机（即涡轮机）工厂是一次有历史意义的事件，它标志着建筑师与工业界有意识地合作，提高了工业建筑的设计水平。这座透平机工厂的主要厂房位于城市街道转角处。厂房结构采用大型门式钢架，钢架顶部呈多边形。但经过贝

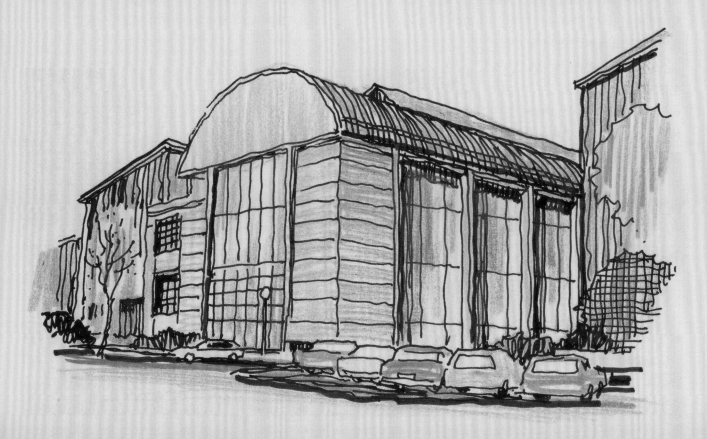

伦斯的处理，透平机工厂的端部又带有纪念性建筑古典庄重的气派，成为一座既合理又富有表现力的工厂建筑。它从功能上可以分为两部分：一个主题车间和一个附属建筑。由于机器制造要有充足的光线，所以建筑设计要满足采光要求，而这座建筑里面，恰恰如实地表现出了这种需求，在主墩之间开足了大玻璃窗。车间的屋顶由三铰拱构成，这就免去了内部的柱子，为开敞的大空间创造了条件。侧立面山墙的轮廓与它的多边形大跨度钢屋架相一致。不过，这座建筑本来是以钢结构为骨架，却在转角处做成粗笨的砖石墙体外形，反映不出新结构的特点。贝伦斯创作的这座建筑，可以说为探索新建筑起了示范作用。

贝伦斯为通用电气公司设计的柏林透平机工厂是工业界与建筑师结合提高设计质量的一个成果，也是现代建筑史上一个重要事件。透平机工厂的主要车间位于街道转角处，主跨采用大型门式钢架，钢架顶部呈多边形，侧柱自上而下逐渐收缩，到地面上形成铰接点。在沿街立面上，钢柱与铰接

点坦然暴露出来，柱间为大面积的玻璃窗，划分成简单的方格。屋顶上开有玻璃天窗，车间有良好的采光和通风。外观体现工厂车间的性格。在街道转角处的车间端头，贝伦斯做了特别的处理，厂房角部加上

砖石砌筑的角墩，墙体凹槽，显示敦厚稳固的形象，上部是弓形山墙，中间是大玻璃窗，这些处理给这个车间建筑加上了古典的纪念性的品格。

贝伦斯以一位著名建筑师的身份来设计一座工厂厂房，不仅把它当作实用房屋认真设计，而且将它当作一个建筑艺术作品来对待。

贝伦斯也是现代建筑设计的先驱人物，促进现代建筑产生的需求因素之一是高层建筑，另一个因素则是现代工厂建筑。现代工厂对于空间、照明、流通的要求都促进了现代建筑的发展，贝伦斯于1909—1912年参与建造公司的厂房建筑群，其中他设计的透平机车间成为当时德国最有影响力的建筑物，被誉为第一座真正的现代建筑。他设计的透平机制造车间与机械车间，造型简洁，摒弃了所有附加的装饰，是贝伦斯建筑新观念的体现，贝伦斯把自己的新思想灌注到设计实践中去，大胆地抛弃流行的传统式样，采用新材料与新形式，使厂房建筑面貌一新。钢结构的骨架清晰可见，宽阔的玻璃嵌板代替了两侧的墙身，各部分的匀称比例减弱了其庞大体积产生的视觉效果，其简洁明快的外形是建筑史上的使命，具有现代建筑新结构的特点，强有力地表达了德国工业同盟的理念。

5.25 莱茵河畔的瑰宝
——魏尔市家具陈列馆

    德国莱茵河畔魏尔市家具陈列馆由美国著名建筑师盖里设计，建筑体量不大，然而造型复杂，极尽变化之能事，有强烈的动感和雕塑感，被认为是解构主义建筑的又一个代表作。

    盖里的作品相当独特，也很具个性，他的大部分作品中很少掺杂社会化和意识形态的东西。他通常使用多仍平面、倾斜的结构、倒转的形式以及多种物质形式，并将视觉效应运用到图样中去。盖里常使用断裂的几何图形以打破传统习俗，对他而言，断裂意味着探索一种不明确的社会秩序。在许多实例作品中，盖里将形式脱离于功能，他所建立的不是一种整体的建筑结构，而是一种成功的想法和抽象的城市机构。在许多方面，他把建筑工作当成雕刻一样对待，这种三维结构图通过集中处理就会拥有多种形式。

艺术经常是盖里的灵感发源地，他对艺术的兴趣可以从他的建筑作品中了解到。同时，艺术使他初次使用开放的建筑结构，并让人觉得是一种无形的改变，而非刻意。盖里设计的建筑通常是超现实的，抽象的，偶尔还会使人深感迷惑，因此它所传递的信息常常使人误解。虽然如此，盖里设计的建筑还是呈现出其独特、高贵和神秘的气息。盖里作品可以显示出盖里仿佛与都市格格不入，他采用多种物质材料、运用各种建筑形式，并将幽默、神秘以及梦想等融入他的建筑体系中。他说：我喜欢这种在建筑过程中看不见的美，而这种美又常常在技术制造过程中失落了。盖里在早期的工作中就大胆运用开阔的空间、各种原材料及不拘泥的形式来进行建造。盖里的建筑也包含了普通的过程，有继续进行的生命、进化中的生命和成长中的生命等。盖里的设计范围相当广泛，包括购物中心、住宅、公园、博物馆、银行、饭店。

在与传统的城市功能、形式、空间以及总体外形等方面的比较上，盖里的作品又有相当的优越感，他创造了一种独特的风格，在建筑形式上开启了一个新的篇章。盖里在建筑和艺术间找到了共鸣，明显与模糊、自然与人工、新与旧、阴暗与透明等方面都可以窥见他的艺术造诣。深受洛杉矶城市文化特质及当地激进艺术家的影响，盖里早期的建筑锐意探讨铁丝网、波形板、加工粗糙的金属板等廉价材料在建筑上的运用，并采取拼贴、并置、错位、模糊边界、去中心化、无向度性等各种手段，挑战人们既定的建筑价值观和被捆绑的想象力。其作品在建筑界不断引发轩然大波，爱之者誉之为天才，恨之者毁之为垃圾，盖里则一如既往，创造力汹涌澎湃，势不可挡。终于，越来越多的人容忍了盖里，理解了盖里，并日益认识到盖里的创作对于这个世界的价值。

5.26 古罗马的历史遗存
——意大利罗马斗兽场

意大利古罗马竞技场——罗马斗兽场是古罗马帝国专供奴隶主、贵族和自由民观看斗兽或奴隶角斗的地方。罗马斗兽场，亦译作罗马大角斗场、罗马竞技场、罗马圆形竞技场。建于公元72—82年间，是古罗马文明的象征。遗址位于意大利首都罗马市中心，它在威尼斯广场的南面，古罗马市场附近。从外观上看，它呈正圆形，俯瞰时，它是椭圆形的。它的占地面积约2万平方米，这座庞大的建筑可以容纳近九万名观众。

斗兽场由韦帕芗下令修建，是古罗马当时为迎接凯旋的将领、士兵和赞美古罗马帝国而建造的。是古罗马帝国标志性的建筑物之一。斗兽场是古罗马举行人兽表演的地方，参加的角斗士要与一只野兽搏斗直到一方死亡为止，也有人与人之间的搏斗。根据罗马史学家的记载，斗兽场建成时罗马人举行了为期 100 天的庆祝活动。

斗兽场这种建筑形态起源于古希腊时期的剧场，当时的剧场都傍山而建，呈半圆形，观众席就在山坡上层层升起。但是到中古罗马时期，例如埃庇道努时期，人们开始利用拱

结构将观众席架起来，并将两半圆形的剧场对接起来，因此形成了所谓的圆形剧场，并且不再需要靠山而建了。而罗马斗兽场就是罗马帝国内规模最大的一个椭圆形角斗场，它长轴 187 米，短轴 155 米，中央为表演区，长轴 86 米，短轴 54 米，地面铺上地板，外面围着层层看台。看台约有 60 排，分为五个区。围墙共四层，前三层均有柱式装饰，依次为多立克柱式、爱奥尼柱式、科林斯柱式，也就是在古代雅典看到的三种柱式。科洛西姆斗兽场以宏伟、独特的造型闻名于世。罗马斗兽场由 4 万名战俘用 8 年时间建造起来的，现仅存遗迹。从功能、规模、技术和艺术风格各方面来看，罗马斗兽场是古罗马建筑的代表作之一。它的施工速度之快也是一个奇迹。

5.27　欧洲最美的"客厅"
——意大利威尼斯圣马可广场

圣马可广场，官方标准译名圣马尔谷广场，又称威尼斯中心广场，一直是威尼斯的政治、宗教和传统节日的公共活动中心。圣马可广场是由公爵府、圣马可大教堂、圣马可钟楼及新、旧行政官邸大楼、连接两大楼的拿破仑翼大楼、圣马可大教堂的四角形钟楼和圣马可图书馆等建筑和威尼斯大运河所围成的长方形广场，长约 170 米，东边宽约 80 米，西侧宽约 55 米。广场四周的建筑从中世纪的到文艺复兴时代的都有。

圣马可广场初建于9世纪，当时只是圣马可广场大教堂前的一座小广场。马可是圣经中《马可福音》的作者，威尼斯人将他奉为守护神。相传828年，两个威尼斯商人从埃及亚历山大将耶稣圣徒马可的遗骨偷运到威尼斯，并在同一年为圣马可兴建教堂，教堂内有圣马可的陵墓，大教堂以圣马可的名字命名，大教堂前的广场也因此得名为圣马可广场。1177年为了教宗亚历山大三世和神圣罗马帝国皇帝腓特烈一世的会面才将圣马可广场扩建成如今的规模。1787年拿破仑进占威尼斯后，赞叹圣马可广场是欧洲最美的客厅和世界上最美的广场，并下令把广场边的行政官邸大楼改成了他自己的行宫，还建造了连接两栋大楼的翼楼作为他的舞厅，命名为拿破仑翼大楼。圣马可区是威尼斯的政治与司法神经中枢，自共和国早期起，即为威尼斯生活的核心。最能展现共和国太平景象的地方，莫过于圣马可广场，它是特别为威尼斯总督府和教堂塑造景观而建的。圣马可区拥有最多的高级旅馆、餐厅和商店，并有数座宏伟教堂和许多府邸，以及三座剧院，包括著名的火鸟歌剧院。圣马可广场在历史上一直是威尼斯的政治、宗教和节庆中心，是威尼斯所有重要政府机构的所在地，自从19世纪以来它便是大主教的驻地，同时它也是许多威尼斯节庆首选的举办地。

圣马可教堂不仅是一座教堂，它也是一座非常优秀的建筑，同时也是一座收藏丰富艺术品的宝库。圣马可教堂其实融合了东、西方的建筑特色，从外观上来欣赏，它的五座圆顶仿自土耳其伊斯坦堡的圣索菲亚教堂，结构上有着典型的拜占庭风格，采用的帆拱的构造；正面的华丽装饰源自巴洛克的风格；整座教堂的平面呈现出希腊式的集中十字，是东罗马后期的典型教堂形制。内部的艺术收藏品来自世界各地的，因为从1075年起，所有从海外返回威尼斯的船只都必须缴交一件珍贵的礼物，用来装饰这间圣马可之家。

广场的西北角是座文艺复兴时期的哥特式建筑。在威尼斯共和国繁荣时期，这里曾经是威尼斯大使馆所在地，因此有了这个名称。现在，这里已经成为汇集意大利文艺复兴时期艺术品的博物馆。

5.28 异常豪华的宫殿
——意大利威尼斯总督府

威尼斯总督府的修建和装饰也花了好几百年的时间。它的第一座楼建于810年，是一座带围墙和碉楼的城堡，四周环水。976年，威尼斯人又修了一座新的要塞，但也在1106年被烧毁了。12世纪，威尼斯的工匠建起了一座新的宫殿，但已经没有必要把它建

成一座要塞。那时的威尼斯已经不存在中世纪欧洲常见的那种坚固的堡垒和要塞围墙。因此，在新的宫殿中就没有修围墙和碉楼，原有的水沟也被填平了。到了14世纪，宫殿因年久失修、疏于照管而几乎衰败。因此，1309年威尼斯人又建了一座新的宫殿。到16世纪，这座宫殿曾多次扩建。才华横溢的杰出人才创造了这座无与伦比的建筑。总督府的巨型上层建筑都建在轻盈精巧的镂花拱顶上。看上去，好像楼的上下颠了个个儿，楼的正面系统也是显得如此的不合逻辑，下面是由两根细条作支柱，上面是结实的高墙。这里所有的一切都引人入胜、新鲜而明亮，充满了生命力和喜气，所有的一切都充满了艺术气息，最重要的是富有智慧。一楼的开放式拱形长廊并不仅仅是追求艺术，它还巧妙地遮住了南面的阳光。任何一个路过者都能在此处惬意地休息，欣赏世界上最美丽的自然建筑风景画。二楼的长廊是一座空中阳台，从南面和西面被相对小些的办公用房遮挡光线，并将它们连为一体。总督府的镂花长廊和光滑的墙壁融为一体，为宫殿正面营造出非同一般的混合对比的富丽效果。

总督府的"大使厅"被精心地装饰得异常豪华。似乎在修建这座大厅的时候，建造者就想让外国人感受到威尼斯共和国的强盛和荣耀。因此，大使厅的宏伟规模、屋内家具陈设的豪华和装饰材料的昂贵都能与无价的艺术作品媲美。

廊式的正门入口——这是两扇巨大的青铜门，可能是因为以前这里有写手。这个正门是1438—1441年间建起来的。大门上有许多装饰图案，一直装饰到大门的边上，图案制作的精细程度可与首饰制作媲美。这种梦幻般的网状花边纹曾经闪耀过金光和天蓝色光芒。雕塑家们在大门的上边刻上了圣马可的飞翼狮和跪在它面前的元首福斯卡里。19世纪时旧浮雕被新浮雕取代，旧的雕塑只保留了一些片断。进入内殿，一道两层的大理石拱廊将内院围了起来，院里有八个古希腊时期的雕像。需要特别关注的是将军罗维尔、公爵乌尔平斯基的雕像，内院的中间到现在都还有两口豪华的青铜蓄水井，里面曾经盛过全威尼斯最好的水。每天有很多小贩来总督高尔夫汲水，然后带着这些井水跑到威尼斯很远的街区去兜售。从内院通向宫中的是一道用纯卡拉拉大理石凿成的巨型台阶。1554年，台阶上面的平台放上了巨大的战神玛耳斯和海神尼普顿的大理石雕像，这是威尼斯人军事和海洋的保护神。有威尼斯民众参加的隆重仪式是在巨型台阶的平台上举行的，其中最引人注目的便是元首的加冕仪式。此时的阶梯简直就是一个巨型的宝座，而议会中最年长的议员给新的元首戴上价值连城的帽子——元首权力的象征。

5.29 八百年不倒的斜塔
——意大利比萨斜塔

　　意大利中部的比萨城内有一座巍峨的圆柱形高塔，塔身向一方倾斜，看上去好像马上就会倒下来的样子。其实，这座高塔像这样站在那里已经有 800 多年了。它就是世界闻名的奇景之一：比萨斜塔。

比萨斜塔是比萨城内一组古罗马建筑群的一部分，是附属于比萨教堂的埃塔形钟楼。该塔始建于1174年，直到1350年才完工。在建筑第三层时出现倾斜，工程曾被搁置近一个世纪。

斜塔全部用大理石建造，总重量为1453吨，塔共分7层，从钟塔北面顶端到地表的距离有56.7米。底层有石柱15根，上面6层各有石柱30根，钟就挂在顶层，如果沿着螺旋式的阶梯登上钟塔，要上294个台阶。由于塔身大幅度倾斜，加上各层都没有扶手栏杆，所以攀登斜塔是一件颇为冒险的事情。但是，游客登上钟塔，就可以眺望比萨城的全景。因而冒险攀登者还是络绎不绝。在1589年，这里曾发生一件轰动物理学界的事件。意大利著名的物理学家、天文学家伽利略，利用比萨斜塔进行实验，他站在斜塔上，将两不同重量的铅球，从塔顶抛下，结果两铅球同时落到地下。从而推翻了一向被奉为权威的亚里士多德关于"物体落下的速度和重量成正比例"的学说，创立了他所发现的"落体定律"。

从1918年开始，每年对斜塔进行测量，发现比萨斜塔的倾斜速度正在逐步加快。1918—1958年的40年间，平均每年倾斜1.1毫米；而1959年到1969年的10年间，平均每年倾斜1.26毫米。现在顶部中心偏离中心垂直线向南倾斜4.5米。这种日益倾斜的趋势，不能不引起人们对斜塔前途的忧虑。

几个世纪以来，人们围绕着比萨斜塔倾斜的原因进行无休止的争论，但众说纷纭，莫衷一是。为了保护这座建筑物，使它不致倒塌，许多人提出了各种建议和方案。由于种种考虑，这些方案至今尚未实施，而斜塔的倾斜度仍在逐年增加，有人担心这座斜塔便会倒塌。

5.30　威尼斯的荣耀
——圣马可教堂

圣马可大教堂是世界上基督教最负盛名的大教堂之一，是第四次十字军东征的出发地，代表着威尼斯的荣耀，还有威尼斯的历史。它曾是中世纪欧洲最大的教堂，是威尼斯建筑艺术的经典之作。圣马可大教堂融合了东、西方的建筑特色，它原为一座拜占庭式建筑，15世纪加入了哥特式的装饰，如尖拱门等；17世纪又加入了文艺复兴时期的装饰，如栏杆等。在外观上，它的五座圆顶据说是来自土耳其伊斯坦堡的圣索菲亚教堂，正面的华丽装饰是源自拜占庭的风格，而整座教堂的结构又呈现出希腊式的十字形设计，这些建筑上的特色让人惊叹不已。大教堂是东方拜占庭艺术、古罗马艺术、中世纪哥德式艺术和文艺复兴艺术多种艺术式样的结合体，并且结合得和谐而协调，美不胜收，无与伦比。圣马可教堂最引人注目的有内部墙壁上用石子和碎瓷镶嵌的壁画，还有大门顶上正中部分，雕有四匹金色的奔驰着的骏马。其次，大教堂内外有400根大理石柱子，内外有4000平方米面积的马赛克镶嵌画。大教堂的五个圆圆的大屋顶是典型的东方拜占庭艺术。每天从世界各地来欣赏大教堂的人成千上万。

意大利威尼斯圣马可大教堂，矗立于威尼斯市中心的圣马可广场上。始建于公元829年，重建于1043—1071年，它曾是中世纪欧洲最大的教堂，也是一座收藏丰富艺术品的宝库。教堂建筑循拜占庭风格，呈希腊十字形，上覆五座半球形圆顶，为集文艺复兴式各种流派于一体的综合艺术杰作。教堂正面长51.8米，有五座棱拱形罗马式大门。顶部有东方式与哥特式尖塔及各种大理石塑像、浮雕与花形图案。藏品中的金色铜马身体与真马同大，神形毕具，惟妙惟肖。

5.31　奈尔维独具匠心的杰作
——意大利罗马奥运会小·体育馆

　　这座小体育馆是为 1960 年罗马奥运会而建造的，于 1959 年建成，结构设计者是奈尔维。它以精巧的圆形屋顶结构著称于世。

　　罗马奥运会小体育馆是一个建筑设计、结构设计和施工技术巧妙结合的优秀艺术品。球顶直径 60 米，是由 1620 块用钢丝网水泥预制的菱形槽板拼装而成的，板间布置钢筋现浇成"肋"，上面再浇一层混凝土，形成整体兼作防水层。预制槽板的大小是根据建筑尺度、结构要求和施工机具的起吊能力决定的。这些构件最薄的地方只有 25 毫米厚，它们不但在力学上十分合理，而且组成了一个非常完整秀美的天顶图案。一条条拱肋交错形成精美的图案，如盛开的秋菊，素雅高洁。球顶边缘的支点很小，Y 形斜撑上部又逐渐收细，颜色浅淡，再加上对应各支点间悬挂在球顶上的深色吊灯的对比作用，使球顶好像悬浮在空中。如此独特的意境令人赞叹，

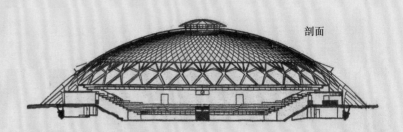

剖面

难怪奈尔维被称作钢筋混凝土诗人。小体育馆整个大厅的尺度处理也很好。穹顶中心的尺度最小，越往边缘，尺度逐渐加大，与支架相接处的构件尺度最大。最外边的三个一组的构件，顺着拱肋走向，把力集中到支点上。而它们的轮廓与Y形斜撑上部形成的菱形，又与预制槽板的菱形相似，不过它们是通透的，不显沉重。这种相似形状的有韵律的重复和虚实对比手法，使整个穹顶分外轻盈和谐。

罗马奥运会小体育馆的设计者为意大利建筑师维泰洛齐和工程师奈尔维。这座朴素而优美的体育馆是奈尔维的结构设计代表作之一，在现代建筑史上占有重要地位。小体育馆平面为圆形，屋顶是一球形穹顶，在结构上与看台脱开。穹顶的上部开有一个小圆洞，底下悬挂天桥，布置照明灯具，洞上再覆盖一个小圆盖。就视觉而言，略显低小。穹顶宛如一张反扣的荷叶，由沿圆周均匀分布的36个Y形斜撑承托，把荷载传到埋在地下的一圈地梁上。斜撑中部有一圈白色的钢筋混凝土"腰带"，是附属用房的屋顶，兼作联系梁。从建筑效果上看，既使轮廓丰富，又可防止因视错觉产生下陷感。小体育馆的外形比例匀称，小圆盖、球顶、Y形支撑、腰带等各部分划分得宜。小圆盖下的玻璃窗与球顶下的带形窗遥相呼应，又与屋顶、附属用房形成虚实对比。腰带在深深的背景上浮现出来，既丰富了层次，又产生尺度感。Y形斜撑完全暴露在外，混凝土表面不加装饰，显得强劲有力，表现出体育所特有的技巧和力量，使建筑具有强烈的个性。

5.32　造型奇特的个性化建筑
——荷兰代尔夫特大学会堂

代尔夫特理工大学位于荷兰代尔夫特，是荷兰最大的理工大学。该校建成于 1842 年，下辖八个学院。代尔夫特理工大学开设有门类丰富的专业，比如航空航天工程、应用地球科学、应用数学、应用物理、建筑学、土木工程、计算机科学、电机工程等学科。

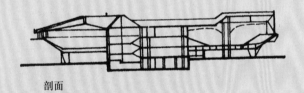

剖面

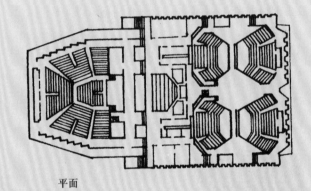

平面

荷兰代尔夫特大学会堂是一座庞然大物，它建于 1966 年。对于这座建筑，人们第一眼望去似乎觉得它很怪异，但走进去细看，把里里外外都研究一番后，就会承认，这个设计是成功的。它的造型奇特，有的人把它比喻成一条大鳄鱼，也有的人说它是一只咧着大嘴的青蛙。但是代尔夫特大学师生认为会堂是座成功的标志性建筑。

会堂的屋顶是连续折板结构，跨度很大，外观却很轻巧。建筑的南面是大会堂，北面是四个较小的阶梯教室，它们都没在楼层上。大会堂的下面由两根巨型三角柱支撑，从主要入口进入底层大厅，大厅设有休息座椅、衣帽间、接待服务台，还展览着校园的模型。

大会堂内部像个古典的圆形剧场，讲台前面是一个平台，有 154 个座位，围绕平台三面的楼座共有 1041 个座位，如果把座位的扶手折起，最大的容量为 1500 座。撤掉中间平台部分座椅，就出现一个演出平台。这种设计巧妙而实用，具有多种功能。

楼座的后角设有放映室、音响设备以及同声翻译系统。这个会堂是多用途的，开会、集会、节日联欢、学术会议、国际会议、文艺演出都可以用，一个大学具备这样的会堂，举行各种活动就不用费劲了。

现代建筑都追求个性化、多元化，建筑师注重工业技术的最新发展，及时把高新技术应用到建筑中去，使高新技术与建筑艺术有机地结合起来，创造出更新更美的新建筑，当然这也是荷兰代尔夫特大学会堂的设计成功之处。

5.33　西班牙大师高迪的杰作
——巴塞罗那圣家族大教堂

　　圣家族大教堂的建筑构想是由巴塞罗那书商博卡贝里亚提出的。他是崇敬会的创始人,该会的会员纷纷为此慷慨解囊,还聘请了建筑师德比里亚设计并主持建造。但开工不久建筑师与崇敬会吵翻了,撂了挑子,古埃尔便建议请高迪接手主持相关事宜。高迪自 1883 年开始主持该工程,

直至 1926 年去世。在生前的最后 12 年，他完全谢绝了其他工程，专心致志于这一教堂的建筑。这是他一生中最主要的作品、最伟大的建筑，也可以说圣家族大教堂是他心血的结晶、荣誉的象征。世人对巴比伦塔总有一种奇怪的偏爱，高迪也未能例外。他为教堂圣殿设计了三个宏伟的正门，每个门的上方安置四座尖塔，还有四座塔共同簇拥着一个中心尖塔，三座门目前仅竣工一座。在设计教堂内部装饰时，他想方设法把《圣经》故事人物描绘得真实可信。

170 米的高塔、五颜六色的马赛克装饰、螺旋形的楼梯、宛如从墙上生长出来的栩栩如生的雕像……庞大的建筑显得十分轻巧，有如孩子们在海滩上造起来的沙雕城堡。当罗马教皇利奥十三世宣布支持建筑这一教堂时，巴塞罗那马上便喜欢上这座教堂，也爱上它的建筑师高迪了。高迪知道，这项工程开工时没有他，完工时也不会有他。使这座教堂成为一个永恒的建筑工程，成为像大自然一样永恒的过程，是天才高迪留给世人的礼物，也许也是高迪的初衷。

石头房子——米拉公寓，在巴塞罗那那帕塞奥·德格拉西亚大街上，坐落着一幢闻名全球的纯粹现代风格的楼房——米拉公寓。老百姓多把它称为石头房子。它与高迪的另外两件作品一起，在 1984 年被联合国教科文组织宣布为世界文化遗产。米拉和他的妻子参观了巴特略公寓后羡慕不已，决定造一座更加令人叹为观止的建筑。工程于是便热火朝天地展开了。米拉却在工地上忧心如焚地打转转，因为他心里有许多问题百思而不得其解，为什么工程已开工却不见图纸？为什么没有设计方案？如此等等。高迪默不做声——语言不是他表达意见唯一的和最好的方式。他从口袋里摸出一张揉得皱巴巴的纸片，冲着米拉说：这就是我的公寓设计方案。高迪若无其事地微笑着。对米拉说：这房子的奇特造型将与巴塞罗那四周千姿百态的群山相呼应。

5.34　颁发诺贝尔奖的殿堂
——瑞典斯德哥尔摩市政厅

　　瑞典斯德哥尔摩市政厅始建于 1911 年，历时 12 年才完成，是瑞典建筑中最重要的作品。建筑两边临水，一座巍然矗立着的塔楼，与沿水面展开的群房形成强烈的对比，加之装饰性很强的纵向长条窗，使得整个建筑犹如一艘航行中的大船，宏伟壮丽。

斯德哥尔摩市政厅是一座宏伟壮观、设计新颖的红砖砌筑的建筑物，斯德哥尔摩市政厅的由 800 万块红砖砌成的外墙，在高低错落、虚实相谐中保持着北欧传统古典建筑的诗情画意。市政厅的右侧是一座高 106 米，带有三个镀金皇冠的尖塔，代表瑞典、丹麦、挪威三国人民的合作无间。据说登上塔顶部，可一览整个城市的风貌。市政厅由被称为怪才的瑞典民族浪漫运动的启蒙大师、著名建筑师奥特伯格设计，它始建于 1911 年，十二年后落成启用。市政厅周围广场宽阔、绿树繁花、喷泉雕塑点缀其间，加上波光粼粼的湖水的衬映，景色典雅、秀美。

市政厅内有巨大的宴会厅。宴会厅也有蓝厅的誉称。每年的 12 月 10 日是诺贝尔逝世纪念日。这一天，诺贝尔奖颁发后，瑞典国王和王后都要在宴会厅，为诺贝尔奖获得者举行隆重盛大的宴会，以对获奖者表示热烈的祝贺。如今来到这领取诺贝尔奖已经成为世界上众多物理、化学、经济学、文学领域专家的毕生追求和奋斗目标。市政厅内还有一个被

称作金厅的大厅。大厅纵深约 25 米，四壁用 1800 万块约 1 厘米见方的金子镶贴而成，在明亮的灯光映射下，无数光环笼罩，金碧辉煌。其间，还镶嵌有用各种彩色小块玻璃组合成的一幅幅壁画。正中墙上大幅壁画上方，端坐着一位神采飞扬的梅拉伦湖女神。女神脚下尚有两组人物，分别从左右两边走近她，右边一组是欧洲人，而左边一组则是亚洲人。中国游客到此时经常会发生这样的情况：同行中有人眼尖，很快从中发现有一穿着清代服饰的中国人，吸引了大家争相上前观看。这幅镶嵌壁画象征着梅拉伦湖与波罗的海结合而诞生的斯德哥尔摩，是人类向往的美好之地，它不仅是一幅现实主义与浪漫主义相结合的艺术杰作，也是市政厅的镇厅之宝。

市政厅内外，有大大小小数百个人物雕塑，从艺术角度来讲，这些雕塑算不上精品，往往被人们忽略。但在文学作品中，雕塑却变得灵动起来：冬末春初的梅拉伦湖上，巨大的冰块在水面上漂浮，那分明是流淌着的舞台，而湖边的女性雕像便是跳跃着的舞者，夏季的早晨，蜘蛛在雕像的手与身体间结成了网，露珠凝结于网间，给石雕赋予了盎然生机。这些都体现出中国传统文化中的动静结合之美、人与万物的和谐之趣。

从梅拉伦湖的对岸远望斯德哥尔摩市政厅，这座建筑给人最强烈的视觉冲击便是那耀眼的红砖墙，以及阳光下熠熠闪亮的金顶，这使得市政厅无论是在白雪覆盖的冬季，还是在碧波荡漾的夏天，都显得分外夺目。

5.35   波罗的海的浪漫之风
——芬兰赫尔辛基中央火车站

　　赫尔辛基中央火车站，位于芬兰首都赫尔辛基的曼纳海姆大街东边，是芬兰的铁路中枢，同时也是赫尔辛基地铁和公交车的重要一站。每天在这里上下车的乘客有差不多 20 万人，使得中心火车站成了芬兰最繁忙的景点。

　　芬兰赫尔辛基中央火车站建于 1906—1916 年，是 20 世纪初车站建筑中的珍品，也是北欧早期现代派范畴的重要建筑实例，但基本上还是折中主义的。它轮廓清晰，体形明快，细部简练，既表现了砖石建筑的特征，又反映了向现代建筑发展的趋势。赫尔辛基火车站的设计者是著名建筑师沙里宁，浪漫古典主义建筑的代表作，虽有古典之厚重格调，但又高低错落，方圆相映，因而生动活泼，有纪念性而不呆板，被视为 20 世纪建筑艺术精品之一。

火车站大门有两重，设计得很有意思，里面一重门上是正方形的窗格，外面一重是圆形的，不知道当初设计师是否参考了中国元素——外圆内方。火车站的正门很有气势。门的两边分别有两尊巨大的站立人像，每个人像手里都捧着一个大灯球，球上有仿佛经纬网的线条，所以也可以说是捧着地球。这种设计独树一帜，十分少见，在一个功能性的建筑中加入了这样的元素是很大胆的创新。但效果也是显而易见的，相信每个到过赫尔辛基火车站的人都会牢牢记住这四个巨型雕像和他们手里的地球。正门有一个绿色波浪形的拱顶，很符合波罗的海的浪漫之风。

火车站的东墙有一座高大巍峨的钟楼，也是绿顶。整个建筑绝对是一件杰出的艺术品。

从西门步入火车站，只见大厅非常宽敞明亮，地面也十分干净。旅客们都是行色匆匆，而几个咖啡座里能够看到一些闲适的顾客自在地喝着咖啡。向前穿过一个大门才是火车站的正厅。大厅的顶上吊着巨大的华灯，非常耀眼，光芒万丈。大厅的北侧是通往站台的大门，门的上方是简约的方形格子窗。而在南侧则是火车站的正门，正门内是通往地下一层地铁的扶梯。你可能会碰到正好有地铁到站，从下面涌上来了不少人。而在扶梯两侧的过道边有一些长椅，几个乘客静静地坐在上面，有的在认真阅读，有的凝神翻阅什么文件，有的则是悠闲地在摆弄手机或者游戏机，和那些匆匆的乘客又是一种反差。我知道有些人喜欢到老火车站静静地坐着，既是阅览众生相，似乎也是对历史的一份怀恋和回忆。我不知道现在在赫尔辛基火车站的长椅上坐着的这些人中有没有那样的人，但我觉得一个伟大而悠久的城市总应该有那样的人——在某个角落里静静地、与人无争地阅读、体味这个城市的历史，火车站或许是最好的地方吧。赫尔辛基火车站建成于1916年，已经有近百年的历史了。

5.36　哥特式的古城堡
——波兰华沙王宫

　　华沙王宫，也被称为华沙城堡，建于 13 世纪末。建筑呈五角形，美轮美奂，富丽堂皇。第二次世界大战期间王宫遭到破坏，之后于 1971 年 1 月重建。王宫广场南端立有一根花岗石圆柱，顶端是奇格蒙特三世的青铜铸像，当年正是他决定定都华沙的。这根圆柱是华沙较古老的纪念碑，也是华沙的象征之一。王宫画廊里陈列的全部是波兰历史上较有名画家所描绘的波兰史画。华沙王宫是波兰千年历史传统的文化象征，也是民族兴衰史的见证者。

华沙王宫城堡建于 13 世纪末玛佐夫舍公国，也称为华沙城堡，原是防御性五边形土木结构，不久就又开始建造了第一批石结构建筑物来取代土木结构。王宫最古老的建筑物是 14 世纪上半叶建造的哥特式大庭院，当时用作玛佐夫舍大公的府邸。16 世纪上半叶玛佐夫舍公国归并波兰王国，1595 年，瓦维尔宫被大火焚毁，国王把国王府邸迁到华沙。17 世纪中叶，王宫已经成为华沙的主要景观。王宫建筑美轮美奂，装修富丽，华沙古城是华沙最古老的地方，也是首都最有特色的景点之一。建筑风格为哥特式。古城以札姆克约广场为界，外围有城墙作为区分。札姆克约广场上有一座手持十字架的雕像，是为了纪念把波兰首都从克拉科夫迁到华沙的奇格蒙特三世。札姆克约广场旁的旧王宫从公元 1971 年开始整修重建，现已

成为博物馆对外开放，收藏有许多波兰历任王朝统治者的珍贵宝物，有精美华丽的皇室收藏。

1944 年华沙起义初期，起义者解放了古城。起义失败后，德国法西斯把古城毁成一片废墟。战争一结束，波兰人民就着手重建华沙古城。1949 年古城广场四周耸起第一批建筑物。1953 年 7 月 22 日举行隆重移交仪式。1963 年整个工程竣工。古城每座建筑物的外貌都保持了原来的建筑风格，而其内部结构和设施则是按照现代建筑技术进行改建的。华沙古城的重建，要从第二次世界大战之前说起，当地希特勒叫嚣，要在短期内消灭波兰。波兰人非常气愤，但当时波兰统治者懦弱无能，出于对祖国建筑文化遗产的热爱，华沙大学建筑系的师生们把华沙古城的主要街区、重要建筑物都作了测绘记录。战争一爆发，他们把这些图纸资料全部藏到山洞里，房屋街道虽然毁了，但它的形象资料保存了下来。人们形成了一致的意见，要恢复华沙古城的风貌，并最终迫使政府改变决定。当恢复华沙古城的消息传开后，整个波兰掀起高涨的爱国热潮，人民的家园得到重建，这就是战后著名的华沙速度。华沙古城作为特例于 1980 年联合国教科文组织被列入《世界遗产名录》。世界遗产一般是拒绝接受重建的东西，但华沙人民自发地起来保护自己的民族文化和历史传统，为世界所有的古城做出了榜样，也对欧洲的古城保护产生了重要的影响。

5.37　捷克的童话宫殿
——布拉格城堡

　　捷克首都布拉格河左岸高地上耸立着布拉格城堡，右岸则为中世纪建筑风格满布的街道。市中心有古罗马式建筑、哥德式建筑、文艺复兴风格建筑及巴洛克式建筑，因此赢得建筑博物馆之都的美誉。布拉格主要由四个区域构成，分别是城堡区、雷色城、旧城及新城。特别是布拉格城堡，是当地人最骄傲的景点，它不但是历代执政者居住与办公所在，也是宗教的精华区，14 世纪兴建

的圣维塔大教堂即为代表，历史上的三十年战争也于此留下记载。紧临城堡的黄金巷，是作家卡夫卡的故居，他曾在此完成以布拉格为背景的文学名著《城堡》，今日这条小巷里的十八栋于 1540 年建造的小建筑已成为贩卖各种与时光有关的纪念品商业街。

这个有童话之都美名的城市，兴起于中世纪，1355 年起德国皇帝查理四世，在此接受加冕，从此布拉格便在历史上扮演着重要的角色。这个城市虽然历经了数次战争的洗礼，但它的遗迹仍然保持得相当完整。由于丰富的建筑风格使布拉格被冠上百塔之城的封号，从仿罗马、哥德、文艺复兴、巴洛克到新艺术风格与立体派建筑一应俱全。在夕阳辉映下，许多建筑物闪烁如金，使布拉格显得金碧辉煌。从高塔上鸟瞰布拉格，岩石峭壁下连着一条河，陡直的斜坡从林地间拔起，宫殿与城堡耸立高地上，陡峭的街道如同阶梯，河流沿岸则布满各式桥梁。

贯穿布拉格南北的维瓦塔河是布拉格最具风情的地方，特别是兴建于 14 世纪的查理士大桥，连接了新旧两城，这座古桥为游客聚集之处，桥上有 108 位圣者的雕像，此外，桥上还有许多小贩及街头艺术家表演音乐或素描。沿着河川放眼望去，可以清楚地看到许多古老的城堡，如同置

身于童话故事、天方夜谭之情景，夜晚与白天各有不同风情。

圣维塔大教堂是布拉格城堡最重要的地标，有建筑之宝的美誉，除了有着丰富的建筑特色外，也是布拉格城堡王室加冕与辞世后长眠之所。教堂历经 3 次扩建，使外观除了哥德式建筑外，又融合了文艺复兴及巴洛克式风格，一直到 1929 年才正式完工。教堂内最著名的参观重点，莫不是于 20 世纪才完工的直径大于十公尺的彩绘玻璃窗，是世界顶级的艺术创作，由纯银所打造的圣约翰之墓，周围环绕着的也是由纯银所打造的小天使，继续往前就是圣温塞斯拉斯礼拜堂，礼拜堂中挂着由半宝石所装饰的圣人画像，还有一扇通往皇室宝库的小门，里面珍藏波希米亚王室宝器，开启这扇宝门的七道枷锁的七把钥匙，则是交由七个不同单位的人来保管，只有在特殊场合才会展示出来。

5.38   科学精神的象征
——比利时布鲁塞尔原子塔

原子塔建造于 1958 年的布鲁塞尔世博会时期，高 102 米，总重 2200 吨，由九个直径 18 米的空心金属球体组成，它表现的是放大了 1650 亿倍的铁原子结构。原子塔位于布鲁塞尔市西北郊易明多市立公园内，被誉为布鲁塞尔的埃菲尔的原子球，是比利时著名工程师瓦特凯恩于 1958 年为布鲁塞尔万国博览会设计的。博览会闭幕后，展品被拆除，只有原子球原封未动，它成为现代布鲁塞尔的标志。另外有种有趣的四子配对游戏也叫原子球。

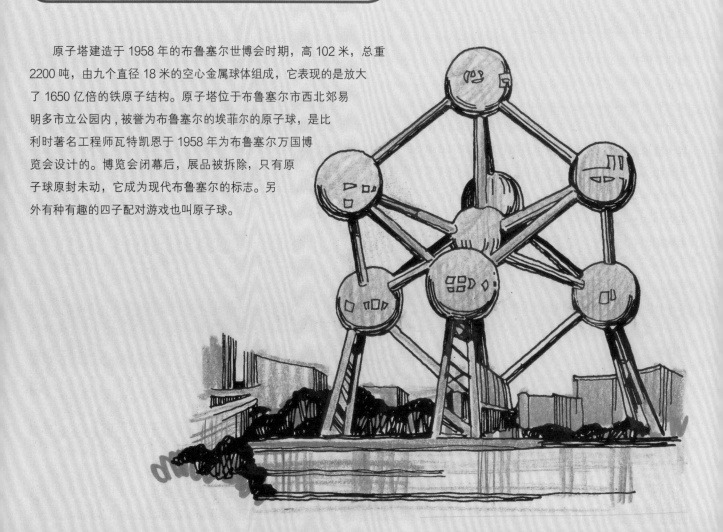

原子塔于 1955 年立项，经 18 个月施工，建成于 1958 年，这是比利时政府为当年在布鲁塞尔举办的世界博览会而兴建的一座标志性建筑，承担设计任务的是比利时著名的建筑大师瓦特凯恩。瓦特凯恩在设计这座建筑时，独出心裁、别具匠心地根据一个铁分子是由 9 个铁原子组成的这一原理，专门设计了 9 个圆球。在这里每个圆球都象征着一个铁原子，圆球与圆球之间又严格按照铁分子的正方体晶体结构组合在一起，从而形成了一个巨大的铁原子。据导游介绍，瓦特凯恩当时之所以会设计出这样一个新奇的方案，据说主要是考虑了两个方面的因素，一个是寓意当时的欧洲刚从第二次世界大战的阴影中走出来，正进入经济高速发展时期。创作者选择庞大的建筑来展示原子结构的微观世界，目的即表达了人们对发展原子能美好前景的一种展望，同时也象征了人类进入科学、和平、发展和进步的新时代；另一个意思据说是当时的欧共体共有 9 个会员国，比利时又刚好有 9 个省，这

些原子塔的整个造型正好成为比利时和欧共体的象征。

原子塔位于布鲁塞尔北郊一个公园内，其设计构思是将金属铁分子的模型放大 1650 倍。塔身是由粗大的钢管将 9 个巨大的金属圆球连成的正方体。原子塔 8 个圆球位于正方体的 8 个角，另一个圆球位于正方体的中心。圆球直径 18 米，各个球体之间的连接钢管每根长 26 米，直径 3 米，高 102 米，建筑总重 2200 吨。原子塔是为比利时 1958 年世界博览会而设计的，原本计划只保留 6 个月，后来却成为布鲁塞尔的标志性建筑。游客可乘电梯到达离地面 100 米的顶端圆球旋转餐厅，一边吃饭一边观赏布鲁塞尔的风景。从地面到顶端最高的圆球之间设有快速直达电梯，而在其他各个圆球内都装有自动扶梯，人们在每个圆球之间都可以自由往来。整座原子塔可同时接纳 250 个游客参观浏览，有一个可容 140 人同时用餐的大餐厅。位于原子塔最高端的圆球是一个专供游客们观赏风景的观光区，它高约 92 米，大体与法国巴黎埃菲尔铁塔的第二层观光区在同一个高度上。游客在此可以通过四周的有机透明玻璃，俯瞰布鲁塞尔的市容市貌，尽情领略周边的迷人风景。可以想象，当你身处一个原子之中而窥探地球时，那种独特的感觉肯定是令人难以忘怀的。而在其他几个圆球里则设了以原子能、核技术等为主要内容的展览，其中尤其以宇宙航行的展览最为翔实和引人注目，其他还有涉及太阳能、天文、地理与科普等方面的展厅。

5.39　土耳其现存的拜占庭建筑
——土耳其伊斯坦布尔索菲亚大教堂

索菲亚大教堂是拜占庭建筑风格的代表作，教堂占地面积约 5400 平方米，主体呈长方形，中央大穹隆圆顶直径 33 米，顶部离地 554 米。东西两端连接着两个小穹隆圆顶，每个小圆顶又连接着更小的圆顶。教堂内由圆柱廊分隔成三条侧廊。柱廊上方的幕墙上穿插排列大小不等的窗户，中央穹隆圆顶基部环有 40 扇窗户，每当阳光透窗射入大厅时，绘有壁画和图案的半圆形穹顶犹

如在空中飘荡，造成一种虚幻缥缈的神秘境界。堂内所有圆柱均用颜色、花纹各异的大理石加工而成，墙壁下部也用大理石贴面。穹隆顶部和四周幕墙上面布满色彩绚丽的镶嵌及大量精美的壁画和雕塑。1453年土耳其占领君士坦丁堡后，在教堂外加建四个伊斯兰尖塔，将该堂改为清真寺。1935年土耳其政府将其改为国家博物馆。1980年8月土耳其政府将其中一所教堂重新开放，供穆斯林礼拜之用。

索菲亚大教堂是拜占庭式建筑最佳的现存范例，其马赛克、大理石柱子及装饰等内景布置极具艺术价值。圣索菲亚大教堂保持着最大教堂的地位达一千多年，直至塞维利亚主教堂的完成。圣索菲亚大教堂是古代建筑的一大成就，又是拜占庭式建筑的第一个杰作。它在建筑及礼仪方面的影响深远并遍及世界。大教堂最大的圆柱高19～20米，直径约1.5米，以花岗岩所制，重逾70吨。教堂内部的空间广阔，结构复杂。教堂正厅之上覆盖着一个最大直径达31.24米至30.86米之间，高55.6米的中央圆顶。圆顶的重量通过穹隅，由角落的四条巨型柱子支撑。圆顶看似就在这些柱子的四个大拱形之间浮起。

小·贴示

拜占庭式建筑　公元395年，罗马帝国分裂成东西两个帝国。史称东罗马帝国为拜占庭帝国，其统治延续到15世纪。1453年被土耳其人灭亡。东罗马帝国的版图以巴尔干半岛为中心，包括小亚细亚、地中海东岸和北非、叙利亚、巴勒斯坦、两河流域等，建都君士坦丁堡。拜占庭帝国以古罗马的贵族生活方式和文化为基础。由于贸易往来，使之融合了东方阿拉伯、伊斯兰的文化色彩，形成独特的拜占庭艺术。拜占庭原是古希腊的一个城堡，公元395年，显赫一时的罗马帝国分裂为东西两个国家，拜占庭式建筑就是诞生于这一时期的拜占庭帝国的一种建筑文化。从历史发展的角度来看，拜占庭建筑是在继承古罗马建筑文化的基础上发展起来的，同时，由于地理关系，它又汲取了波斯、两河流域、叙利亚等东方文化，形成了自己的建筑风格。

第六章

历史悠久的俄罗斯与中亚建筑

6.1   俄罗斯民族的历史丰碑
——莫斯科红场与克里姆林宫

莫斯科克里姆林宫与红场是俄罗斯重要的文化遗产，于 1990 年列入世界遗产名录。克里姆林宫是俄国历代帝王的宫殿，位于俄罗斯首都莫斯科中心，与红场毗连，它们一起构成了莫斯科最有历史文化价值的地区，被列入世界遗产名录。红场是俄罗斯的著名广场，莫斯科的中心，是来莫斯科的游客必去之处。西南与克里姆林宫相连，红场正中是克里姆林宫东墙，宫墙左右两边对称耸立着斯巴斯基塔楼和尼古拉塔楼，双塔凌空、异常壮观。步入红场等于步入俄罗斯精神家园的大门，红场同样代表了俄罗斯民族悠久的历史。红场面积很大，长 695 米，宽 130 米，总面积 9.035 万平方米。长方形，南北长、东西窄、红场是莫斯科最古老的广场，虽历经修建改建，但仍然保持原样，路面还是过去的石块，已被鞋底磨得光滑而凹凸不平。场馆西侧是克里姆林宫，北面为国立历史博物馆，东侧为百货大楼，西部为布拉让大教堂，临莫斯科河。

红场与克里姆林宫并非同时建造，15 世纪 90 年代的一场大火使这里变成了火烧场，空旷寂寥。直到 17 世纪中叶这个地方才有了红场之说，成语中意即美丽的广场。红场上除了克里姆林宫这座主要建筑之外，还有一些其他的建筑物，如列宁墓。列宁墓坐落在红场西侧，在克里姆林宫宫墙正中的前面。1924 年 1 月 27 日列宁遗体的水晶棺安置在这里，最初是木结构的，之后不断修葺陵墓内部。如今的列宁墓，色调肃穆、凝重，外面镶嵌贵重的大理石及黑色、灰色的拉长石和深红色的花岗石、去斑石。陵墓一半在地下，一半在地上，墓地上为检阅台，两旁为观礼台，墓顶为平台，供全民节日时俄罗斯国家领导人检阅游行队伍和军队之用。

克里姆林宫为红场最主要的建筑，是俄罗斯民族最负盛名的历史丰碑，也是全世界建筑中最美丽的作品之一。它初建于 12 世纪中期，15 世纪莫斯科大公伊凡三世时代初具规模，以后逐渐扩大。16 世纪中叶起成为沙皇的宫堡，17 世纪逐渐失去城堡的性质而成为莫斯科的市中心建筑群。克里姆林宫南临莫斯科河，西北接亚历山大罗夫斯基花园，东南与红场相连，呈三角形，周长 2000 多米。20 多座塔楼参差错落地分布在三角形宫墙边，宫墙上有 5 座城门塔楼和箭楼，远看似一座雄伟森严的堡垒。宫殿的核心部分是宫墙之内的一系列宫殿，建筑气宇轩昂，体现出历代俄罗斯人的聪明才智。另有政府大厦及各种博物馆。最具特色的是一组有洋葱头顶的高塔，它们是在红砖墙面用白色石头装饰的，再配上各种颜色的外表，如金色、绿色以及杂有黄色和红色等。它由俄著名建筑师设计，不同于欧洲古代的哥特式与罗马式，而与东方清真寺风格颇为相似。克里姆林宫在建筑艺术上既博采众长又独具特色，获得普遍赞誉。

6.2　莫斯科的著名教堂
——布拉仁教堂

　　莫斯科红场南面还有一座由大小九座塔楼组成的教堂，它就是布拉仁教堂，极富特色，被戏称为洋葱头式圆顶，在俄罗斯以及东欧国家中独具一格，已成为红场的标志性建筑。另外，红场北面是 19 世纪时用红砖建成的历史博物馆，为典型的俄罗斯风格。东面是一超大型商场，但其设计之独特、装修之豪奢，完全可以与欧美最现代化的商场相媲美。如今，在广场上闲庭散步时能体会到伟大的俄罗斯的民族历史与往昔的辉煌。布拉仁教堂已成为各国游客津津乐道的旅游胜地之一。

教堂于 1553—1554 年为纪念伊凡四世战胜喀山汗国而建，并于公元 1555—1561 年奉命改建九个石制教堂，造型别致，多奇异雕刻，主台柱高 57 米，为当时莫斯科最高建筑。1912 年，教堂因其破旧不堪而被俄罗斯文物保护协会视为危旧房。十月革命后，政府开始修复工作。1918 年始修复大圆顶和西塔大门，20 世纪 20 年代末至 30 年代初陆续修缮其他部分，现保留下来的白色石基座复原了门前台阶，内部在 30 年代中期被修复，1956—1965 年间中心教堂的壁画由艺术家仿 16 世纪原貌重新画过。1967—1969 年，教堂圆顶表面的铁板由政府出资改为钢板，同时顶部十字架和镂花檐板重新镀金。这项工程繁复浩大，仅为覆盖几个圆顶就能耗费钢板

30 吨。1980 年正门和外部回廊得以复原，现为俄罗斯国立历史博物馆分馆，作为建筑文物供人参观。

教堂为俄罗斯东正教堂，显示了 16 世纪俄罗斯民间建筑艺术风格。八个塔楼的正门均朝向中心教堂内的回廊，因此从任何一个门进去都可遍览教堂内全貌。教堂外面四周全部有走廊和楼梯环绕。整个教堂由九座塔楼巧妙地组合为一体，在高高的底座上耸立着八个色彩艳丽、形体饱满的塔楼，簇拥着中心塔。中心塔从地基到顶尖高 47.5 米，鼓形圆顶金光灿灿，棱形柱体塔身上刻有深龛，下层是一圈高高的长圆形的窗子。其余八个塔的排列是外圈东西南北方向各一个较大的塔楼，均为八角棱形柱体。在此四个塔楼之间的斜对角线上是四个小塔楼，八个塔楼的正门均朝向中心教堂内的回廊，教堂外面四周全部有走廊和楼梯环绕。教堂内部，几乎在所有过道和各小教堂门窗边的穿墙上都绘有 16—17 世纪的壁画。殿堂分作上下两层。陈列着 16—17 世纪的文物。布拉仁教堂是莫斯科的著名景点之一。

6.3　具有历史意义的宫殿
——俄罗斯圣彼得堡冬宫

俄罗斯圣彼得堡冬宫博物馆简称冬宫博物馆，位于圣彼得堡，是俄罗斯著名的皇宫，同时也是世界上最大最古老的博物馆之一。该宫由著名的建筑师设计。正如人类历史上其他著名的宫殿一样，该宫殿自从建成以来一直屡遭劫难。

冬宫初建于 1754—1762 年间，1837 年被大火焚毁，1838—1839 年间重建，第二次世界大战期间再次遭到破坏，战后被精心修复。宫殿共有三层，长约 230 米，宽 140 米，高 22 米，呈封闭式长方形，占地 9 万平方米，建筑面积超过 4.6 万平方米。冬宫的四面各具特色，但内部设计和装饰风格则严格统一。四角形的建筑宫殿里面有内院，三个方向分别朝向皇宫广场、海军指挥部、涅瓦河，第四面连接小埃尔米塔日宫殿。面向冬宫广场的一面，中央稍突出，有三道拱形铁门，入口处有阿特拉斯巨神像。冬宫四周有两排柱廊，雄伟壮观。宫殿装饰华丽，许多大厅用俄国宝石——孔雀石，碧玉，玛瑙制品装饰，如孔雀大厅就用了 2 吨孔雀石，拼花地板用了 9 吨贵重木材。埃尔米塔是圣彼得堡最大的、最有特色的巴洛克风格建筑物。其完整性与华丽程度都令人印象深刻，装潢丰富，窗上饰框及浮雕装饰给人以力量，圆柱有规律的排列，墙表面由白色、绿色相间配合，使长长的外观形形色色，生动起来。1917 年 2 月前，冬宫一直是沙皇的宫邸，后来被临时政府所占据。

1917 年 11 月 7 日，起义群众攻下了冬宫。十月革命后，将原来宫廷房舍和整个冬宫拨给艾尔米塔什，1922 年正式建立国立艾尔米塔什博物馆，冬宫成为博物馆的一部分。1946 年冬宫表面涂成起初的蓝宝石颜色。冬宫坐落在圣彼得堡宫殿广场上，冬宫一般被称为艾尔米塔什国立美术馆，它和中国的故宫、法国的卢浮宫、英国的大英博物馆、美国的大都会博物馆并称为世界五大博物馆，以古文字学研究和欧洲绘画艺术品闻名世界。该宫由意大利著名建筑师拉斯特雷利设计，是 18 世纪中叶俄国巴洛克式建筑的杰出典范。

冬宫有从古到今 270 万件艺术品，包括 1.5 万幅绘画、1.2 万件雕塑、60 万幅线条画、100 多万枚硬币、奖章和纪念章以及 22.4 万件实用艺术品。其中绘画作品闻名于世，包括 14—20 世纪 700 年跨度的作品，从拜占庭最古老的宗教画，到西欧各时期著名的经典之作，以及现代马蒂斯、毕加索的绘画作品和其他印象派画作应有尽有。是一座世界著名的艺术博物馆。

6.4   哈萨克斯坦的生命之树
——阿斯塔纳观景塔

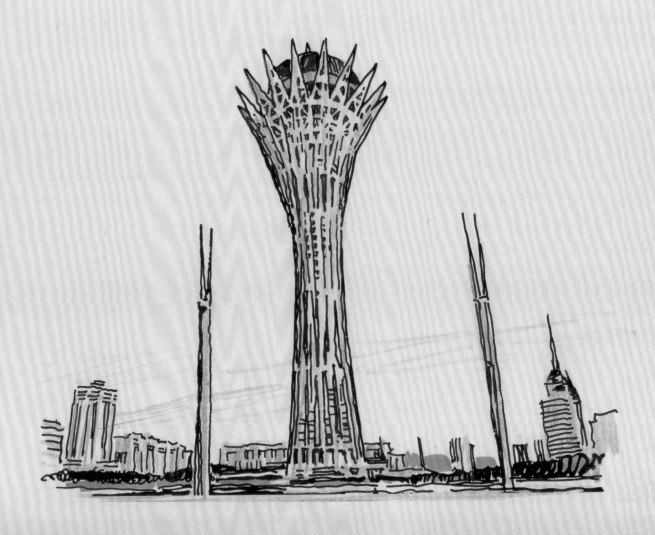

阿斯塔纳位于哈萨克斯坦国家版图中部，这座城市的历史可以追溯到1830年建成的一个军事要塞，之后曾几度更名。1997年12月，哈萨克斯坦总统纳扎尔巴耶夫正式宣布此地为国家首都，并命名为阿斯塔纳。哈萨克斯坦独立后的25年，建设一座新首都成了全国性的重大举措，这也是哈萨克斯坦进入历史新阶段的标志。历经多年，阿斯塔纳已经从苏联时代的地方小镇转变为繁荣而充满魅力的国家首都。

阿斯塔纳，在哈语中是首都的意思。与原首都阿拉木图相比，这座不到20岁的城市年轻而富有活力。一路走来，阿斯塔纳市内塔吊林立，处处是正在建设中的楼房、道路和桥梁。已经完工的崭新高楼和道路，让人感受到快速发展的气息。巴伊杰列克观景塔又称生命之树，其形状犹如一棵白杨树托举着一颗金蛋，取意于哈萨克民间传说神鸟萨姆鲁克。传说哈萨克人的祖先诞生于神鸟孵化的金蛋中。在观景塔的顶层可俯瞰整个阿斯塔纳。甚为壮观。是纪念塔也兼观景塔，为当地重要的旅游景点，亦是城市的象征，纪念1997年哈萨克斯坦将首都迁至阿斯塔纳。

塔的设计来源于哈萨克族的神话故事，故事说的是一棵神秘的生命之树和一只幸福的魔力鸟。魔力鸟每年在白杨树的两个枝杈之间下一个蛋。塔通高105米，由一个有分支的圆柱和其上直径22米的黄色球体组成，球上有观景台。观景台高97米，象征着1997年哈萨克斯坦首都迁至阿斯塔纳。在台上几乎可以看遍阿斯塔纳全城。观景平台上有独立后的哈萨克斯坦共和国首任总统纳扎巴耶夫右手的镀金手模，手模旁边的说明牌提示游客可以把自己的手放在手模上许愿，如果这样，观景台上将会响起哈萨克斯坦国歌。除观景台外，塔还包含一个大型水族馆和一个艺术画廊。巴伊杰列克观景塔位于哈萨克斯坦首都阿斯塔纳的中央长廊，在傍晚多云的天空下，焕发出绿色的光彩。观景塔是该国新首都的象征之一。

6.5　古代丝绸之路上的高楼
——吉尔吉斯斯坦比什凯克议会大厦

　　比什凯克是吉尔吉斯斯坦的首都，位于吉尔吉斯斯坦国北部吉尔吉斯阿拉套山北麓，美丽富饶的楚河盆地中央。是全国的政治、经济、文教、科技中心，也是该国的主要交通枢纽。楚河河谷作为天山古道的一部分，是连接中亚草原与中国西北沙漠的捷径，也是古代山路中最为险峻的路段，我国唐代唐僧玄奘西行取经，走的就是这条路，被称为"古代丝绸之路"。

比什凯克于 1878 年建市，坐落在吉尔吉斯山麓下的楚河河谷，是古代重镇和中亚名城。比什凯克 1926 年前称皮什彼克，1926 年后改称伏龙芝，以纪念前苏联著名军事将领伏龙芝，他是吉尔吉斯人的骄傲。1991 年 2 月 7 日，吉尔吉斯斯坦议会通过决议，将伏龙芝更名为比什凯克。比什凯克的科教事业也很发达，市内有科学院和门类齐全的高等院校。比什凯克市中心的阿拉套广场是城市的主要景点之一，每年独立日等重大国家和民族节日，这里都要举行庆典活动。广场北侧是吉尔吉斯斯坦国家历史博物馆。广场西侧则是吉尔吉斯斯坦议会大厦。

比什凯克是吉尔吉斯最大的工业中心，乌兹别克的布哈拉有输气管道通该市。是主要的陆路交通枢纽，有铁路通土西铁路上的卢弋沃伊和伊塞克湖西岸的雷巴奇耶等地。公路通塔什干、阿拉木图、奥什等地。主要机场有马纳斯国际机场。

第七章

印度洋沿岸、非洲与南美洲建筑

7.1　大理石的梦
——印度泰姬陵

　　历史上许多帝王在他们活着的时候，过着奢侈的生活，有的甚至死后还要有一座华丽的陵墓。现在留在世界上的有许多帝王宫妃的陵墓，印度的泰姬陵是其中非常华丽、造价非常昂贵的陵墓之一。它用纯白大理石建成，精致美丽。印度诗人称它为"石头的诗"，也有人叫它"大理石的梦"。

泰姬陵位于印度北方邦的亚格拉市郊区，距新德里195千米。泰姬陵是莫卧儿王朝第五皇帝沙杰汗为其爱妻慕玛泰姬·玛哈尔修建的。传说慕玛泰姬·玛哈尔多情美貌，很得沙杰汗的宠爱。在一次出巡途中，她因难产而不幸去世。在临终前，沙杰汗皇帝答应她兴建这座陵墓。

泰姬陵始建于1631年，施工期间，每天动用2万名工匠，共耗费了4000多万卢比，历时22年才完成。泰姬陵背依亚穆纳河，长576米，宽293米，四周是红石铺成的直长甬道。两旁是人行道。中间有一个十字形水池，中心为喷泉。池内流水清莹透明，四周奇花异草，竹木浓荫，甬道尽头就是全部用白色大理石砌成的陵墓。

陵墓修建在一座高7米、长95米的正方形大理石基座上，寝宫居中，四角各有一座40米高的圆塔。寝宫总高74米，上部为一高耸饱满的穹顶，下部为八角形陵壁。四扇高大的拱门门

框上用黑色大理石镶嵌了半部《古兰经》经文。寝宫内有一扇精美的门扉窗棂，是由中国巧匠雕刻的。寝宫共分5间宫室。宫墙上，珠宝镶成的繁花佳卉，构思巧妙，光彩照人。中央宫室里有一道雕花的大理石围栏，里面置放着泰姬和沙杰汗的大理石石棺。

登上墓顶凹廊平台，可以俯瞰亚格拉全城。陵墓东西两侧屹立着两座形式完全相同的清真寺翼殿，都用红砂石筑成，以白色大理石碎块点缀装饰。

泰姬陵建筑群的色彩沉静明丽，在湛蓝的天空下，草色青青托着晶莹洁白的陵墓和高塔，在两侧赭红色的建筑物的映照下，它显得如冰如雪。清亮的倒影荡漾在澄澈的水池中。当喷泉飞溅时，它闪烁颤动、飘忽变幻，景象尤其迷人。为死者而建的陵墓，竟洋溢着乐生的欢愉气息。

泰姬陵是伊斯兰建筑艺术中一颗光彩夺目的明珠。今天，它被看作是印度的象征，和埃及的金字塔、中国的长城、罗马的大斗兽场等并称为世界建筑奇迹。

7.2　洁白如玉的"莲花"
——印度新德里大同教礼拜堂

　　新德里的大同教礼拜堂是在伊朗出生的建筑师萨帕的作品，于 1986 年建成。礼拜堂本身由三层共 27 片花瓣形的壳片组成，堂内直径 70 米，有 1200 个座位。礼拜堂有九个出入口，周围有九个水池，建筑物像是浮在水面上的一朵巨大的莲花。建筑的使用功能和结构与精神象征完善地融为一体。建筑师萨帕本信奉大同教，他在与 40 多名国际知名建筑师的竞赛中争得了这座教堂的建筑设计任务。

建筑位于印度新德里的东南部，是一座风格别致的建筑，它既不同于印度教庙，也不同于伊斯兰教清真寺，甚至同印度其他比较大的教派的教庙也无一点相像。它建成于 1986 年，是崇尚人类同源、世界同一的大同教的教庙。建筑的外貌酷似一朵盛开的莲花，故称"莲花庙"。它高 34.27 米，座坐直径 74 米，由三层花瓣组成，全部采用白色大理石建造。底座边上有九个连环的清水池，烘托着这巨大的莲花。新德里莲花庙的形状之所以采自莲花，与印度的历史有一定关系。莲花在印度教和佛教派中被奉为神物，在当代印度人心目中又贵为国花，所以这座庙宇一建成就备受印度人的喜爱。莲花庙的内部设置十分简单，只是一个高大宽阔的圣殿，既无神像，也无雕刻、壁画等装饰性物件。唯有的是光滑的地板上安放着一排排白色大理石长椅。白色是该庙最主要的色调。

将寺庙变幻成莲花，令人惊喜地表现出民族性的神韵，到过此地的人们都会被其独特的设计所震撼。莲花，以其清净、圣洁、吉祥，与印度宗教崇拜的精神息息相关。洋溢着勃勃生机，这一丰富的内涵，给予了设计师灵感，以含苞欲放的莲花作为建筑外观，充分表达出了印度的宗教文化气质，莲花分三层花瓣，每层九片，共同组成了 27 片花瓣，形成了这朵含苞欲放的白莲花。设计独特，但其是九边形。提到"九"这个数字，在教徒的心中，寓意颇深，9 为数字最高之意，它象征着完整、一致

和团结。拾阶而上，可以看到砖红色的莲花基座置身于清冽的水中，原来这又是建筑师的精妙构思。依照莲花在水中生长的特性，在整个建筑的周围，设计了九大清水池，在微风的吹拂下，清水掀起阵阵涟漪，为这朵水中盛开的白莲花，增添了许多灵性与妩媚。九大水池还起到了自然冷气系统的作用。这样在炎炎夏日，祈祷大厅内虽无空调设备，但人们只要从外进入，马上就能享受到凉爽舒适，这些充分体现了设计者的精妙构思。让人心动的设计，凝聚了印度元素，从整体上实现了建筑与自然的和谐统一，为此，建筑师萨帕也赢得了世人的盛誉。

教堂周围有步道、水池、柑口踏步。半开的莲花花瓣分为三层，由混凝土薄壳做成。第一层向外。第二层向内，与第一层一起畏盖了外围的敞厅。第三层向内向上，大部分是联结在一起的，只在顶部分开，最顶部是玻璃顶，以利防雨及采光。建筑风格奇特的莲花建筑受到了人们的喜爱。

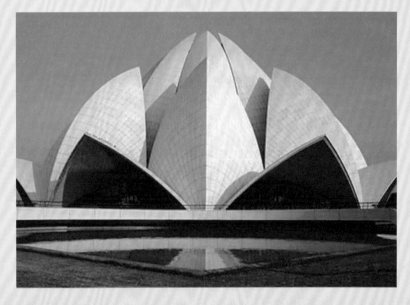

7.3 混凝土建筑的典范
——印度昌迪加尔高等法院

　　印度昌迪加尔高等法院是一座著名的建筑，由柯布西耶设计。印度的旁边遮普省是印度从英国殖民地统治下获得独立后，20世纪50年代印度政府在喜马拉雅南麓山脚下称为昌迪加尔的一片干旱的平原上重新建立的印度最重要的一个省。法国著名建筑师柯布西耶被聘请来做这个新省会城市的规划设计师和建筑设计师。他是印度总理尼赫鲁欣赏的建筑师，这次机会使他大显身手。他把整个城市划分为整齐的矩形的街区，形成一个棋盘式的道路系统，并明确地把各街区分为政治中心、商业中心、工业区、文化区和居住区五个部分，功能分布非常明确。

他还设计了政治中心的好几座主要建筑物，高等法院是其中最早落成的一座，于1956年建成，它的建成曾经引起世界建筑师们的广泛注意和仿效。

柯布西埃的主要出发点是不依赖机械的空气调节，而利用建筑本身的特点来解决当地烈日和多雨的气候所造成的困难。法院建筑地上四层，它的主要部分用一个巨大的长100多米的钢筋混凝土顶篷罩了起来，由11个连续拱壳组成，横断面呈V字形，前后挑出并向上翻起，它兼有遮阳和排除雨水的功能；屋顶下部架空的处理有利于气流畅通，使大部分房间能获得穿堂风，这样以建筑物本身的设计方法来解决当地的日晒和雨季问题。

法院的入口没有装门，只有三个高大的柱墩一直支撑着顶上的篷罩，形成一个高大的门廊，柱墩表面分别涂着绿、黄和桔红三种颜色，门廊气势雄伟，空气畅通。从入口进去

就到了法院的门厅，进入门厅以后是一个柯布西埃经常在建筑中心采用的横置的大坡道，人们可以顺着坡道登楼。一层有一间大审判室和八间小审判室，楼上也有一些小审判室、办公室。另外还有对公众开放的图书馆和餐厅。它的平面形状是一个简单的L形。法院建筑的正立面上满布着大尺度的垂直和水平的混凝土遮阳板，做成类似中国的博古架形式。到了上部，它们逐渐向斜上方伸出，使和顶部挑出的篷罩有所呼应。整个建筑的外表都是裸露的混凝土，上面保留着浇捣模板时的印痕。柱墩及遮阳板的尺寸特别大，使人感到十分粗犷，感觉法院好像是一座经过千百年风雨侵蚀的老建筑。门廊内部的坡道上也满是大大小小不同形状的孔洞，在其他地方，经常有一些奇怪的孔洞的凹龛；有的还涂上红、黄、蓝、白等特别刺眼的色彩。法院的建成曾引起各国建筑师的广泛关注。这种巨大尺度的建筑构件，粗壮的入口柱廊，对比色块的处理，粗糙的混凝土饰面，大胆的抽象图案设计所形成的特殊建筑风格，被人们称之为粗野主义建筑。

7.4　中斯友谊的象征
——斯里兰卡班达拉奈克国际会议大厦

　　班达拉奈克国际会议大厦位于科伦坡贝塔区中心地带，建筑宏伟，精美壮观，是该市标志性建筑之一。大厦是由中国政府无偿援助斯里兰卡的项目，于 1973 年 5 月竣工，建成并投入使用 40 多年来，在斯里兰卡社会生活中发挥着重要作用。后由中国政府援建的纪念西丽玛沃·班达拉奈克展览中心和班达拉奈克国际研究中心分别于 2003 年 1 月和 4 月落成，与大厦构成统一的整体，被誉为"中斯友谊的象征"。

班达拉奈克国际会议大厦，建设动议是在 1964 年。周总理访问锡兰，问班夫人需要什么帮助，班夫人希望中国为锡兰援建一座国际会议大厦，以迎接 1976 年 8 月在科伦坡召开的第五届不结盟国家首脑会议。周总理当即慷慨答应。当年 8 月，以戴念慈为组长的专家组赴斯里兰卡考察并提出建筑设计方案。立体建筑采用八角形平面，以 48 根雪白大理石柱子组成外廊，大挑檐，花格透空外墙，轻巧开朗，富有热带建筑风格和该国地方特色。虽然中国刚刚度过三年困难时期，但又开始了"文化大革命"，很多项目被迫停工。在周总理的亲自关怀下，1970 年 10 月开工的这项工程，却高质量地于 1973 年 5 月按时竣工，被誉为斯中友谊的象征，是斯里兰卡的一颗明珠。为纪念已故班达拉奈克总理，大厦命名为班达拉奈克国际会议大厦，简称班厦。雄伟壮丽的班厦自落成以来，一直是斯里兰卡举行重大国际和国内会议的场所，也是招商引资的展览会的重要地点，甚至许多斯里兰卡青年将这里选为他们举行婚礼的地方。美丽的班厦作为科伦坡市的一景，至今仍是各国游人来访的必到之处。班夫人多次讲述周总理决定无偿援建纪念班达拉奈克国际会议大厦的经过。她说，这是周总理送给斯里兰卡人民最好的礼物，是斯中友谊至高无上的象征。20 世纪 80 年代后期，中国驻斯使馆为了改善办公和居住条件，选址建立新馆舍。当时斯有关部门为我们提供两处备选地皮。班夫人得知后，特地派人给使馆捎话说，国会旁边的地皮潮湿低洼、地基不稳，不如选用班厦对面的那块。根据班夫人的建议，中国驻斯大使馆建在了班厦对面，两处建筑交相辉映，象征着中斯两国人民的紧密团结。

40 年后"班厦"建筑陈旧，设备老化，中国政府又为它提供翻修更新的援助，改造后的班厦，成为了现代化的智能建筑，从观感上达到了设计效果，既保留了当年的风格，又从建筑设备的整体功能上、安全功能上及从整体装饰效果上比改造前有了显著的提高，充分应用了现代科学技术。改造后的班厦，凝聚了中斯两国建设者的聪明才智，是中国政府对外援助上成功的典范，是凝聚着中斯两国人民世代友好的圣殿。新的班厦必将会对斯里兰卡的经济发展起到巨大的促进作用。

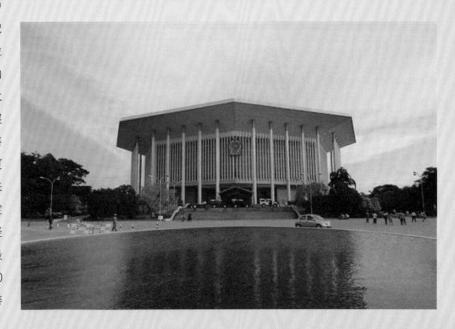

7.5   粗犷淳朴的"凤尾蕉"
——肯尼亚肯雅塔国际会议中心

位于非洲国家肯尼亚首都内罗毕市中心的肯雅塔国际会议中心，是城内最雄伟的建筑物，站在顶层可饱览全城风貌。这里已举行过许多次世界和区域性国际会议。作为内罗毕城市象征的肯雅塔国际会议中心，是一座圆塔形的建筑，是许多大型展览的举办地点，第三次世界妇女大会的主会场就设在这里。如今，这里又是肯尼亚执政党的总部。肯雅塔国际会议中心始建于 1967 年，20 世纪 70 年代建成后投入使用。整个建筑有 32 层，楼内有一个宽敞的圆形剧场，楼下有 180 个地下车位。该会议中心曾举办过非洲统一组织大会和联合国世界妇女大会。1989 年，当时的肯政府将肯雅塔国际会议中心拨给了执政党肯盟，肯盟的总部一直设在那里。

20 世纪 70 年代以来，高层建筑在非洲广阔的土地上蓬勃发展，其中肯尼亚首都内罗毕的肯雅塔会议中心具有一定

的代表性。它是建筑师努斯威克设计的。筒形的办公楼突兀高耸，平面上切线组成带棱角的多边形，使人联想起当地的凤尾蕉。顶上的旋转餐厅与下面的会议厅都做成蘑菇形。整幢建筑外表的钢筋混凝土脱模后凿毛，具有一种粗犷淳朴的风味，与黑非洲的丛林、山冈和当地的工艺品有着耐人寻味的神似。

在建筑设计中考虑建筑物与环境的结合，尊重当地的风俗习惯，利用和模仿地方材料等手法，是现代建筑设计的趋势，肯尼亚内罗毕的肯雅塔会议中心之所以成功，就是顺从了这种趋势。

7.6   繁荣发展的中非之路
——肯尼亚蒙内铁路

　　蒙内铁路成为肯尼亚和整个非洲的热门话题，它不仅是"一带一路"在东非地区落地生根的先锋，也是中非产能合作的典范。这条东非大动脉承载着肯尼亚人民的世纪之梦，是肯尼亚历史上最大的基础设施工程。它全部采用中国标准、装备、技术、管理，开启了中国铁路全产业链境外合作的新模式。蒙内铁路作为肯尼亚远景规划的旗舰项目，将进一步完善东非铁路网，推进该地区互联互通和一体化建设，对于促进肯尼亚和东非经济社会发展具有重要意义。

肯尼亚拥有东非第一大港口蒙巴萨港，辐射乌干达、卢旺达等多个内陆邻国。据《郑和航海图》等史料记载，明朝郑和船队最远到达的地方就是蒙巴萨，比葡萄牙航海家伽马首次航抵东非早80多年。蒙巴萨不仅流传着郑和的传说，更有考古出土的大量中国陶瓷和钱币。肯尼亚也因此成为海上丝绸之路的重要节点。

蒙巴萨是东非最古老的城市之一，公元前500年即与埃及有航海来往，受到阿拉伯、印度、葡萄牙、英国各种文化影响，形成具有独特气氛的港口。市区的一条大街上，有两座并排交叉的大象牙雕刻，来往车辆、行人在下面穿行，是该市富有纪念性的标志。

随着中国公司承建的新泊位启用，港口年吞吐能力达2700万吨。更令人瞩目的是，连接蒙巴萨和内罗毕的标轨铁路（蒙内铁路）通车运行后，蒙巴萨港作为东非门户，对区域经济发展的辐射作用将进一步凸显。

短短两年多时间里，中肯建设者们通力合作、和谐共筑，共同创造了非洲铁路建设史上的新奇迹。可以说，蒙内铁路不仅是一条友谊之路，还是合作共赢之路、繁荣发展之路、生态环保之路。

中肯合作建设的内马铁路、拉穆港等交通基础设施项目加快推进，双方在工业园区建设、农产品加工、轻工纺织、能源电力等产能合作领域蓄势待发，在促进东非贸易和交通一体化方面有望继续走在中非合作前列。这将助力中肯双方携手合作，进一步推动"一带一路"走进非洲腹地，促进非洲发展事业和现代化进程，造福于中非人民。

7.7　中非友谊之花
——埃塞俄比亚非盟总部大厦

　　非盟总部大厦，中国援建的非洲联盟会议中心于 2011 年 12 月在埃塞俄比亚首都亚的斯亚贝巴竣工，这座高 100 米的大楼成为当地最高建筑。现在，中国在帮助非洲建造未来数十年内政治中心的大型建筑物，中国努力建设象征中非关系的建筑。中国援建非盟会议中心，展示了中国在非洲大陆逐渐扩大的影响。中国这一工程是继坦赞铁路后中国对非洲最大的援建项目，这一援建项目具有重大的政治和外交影响。

2011 年 12 月中国援建的非洲联盟会议中心于埃塞俄比亚首都亚的斯亚贝巴竣工国。这座非洲最现代化的国际性建筑矗立在亚的斯亚贝巴市中心地带，当地民众和非盟官员都亲切地将其称为中国给非洲人民的珍贵礼物。

非盟会议中心占地 13.2 万平方米，总建筑面积超过 5 万平方米，包括一个拥有 2550 个座位的大会议厅、中型会议厅、多功能厅、办公用房、紧急医疗中心、数字图书馆以及室外停车场、停机坪等。20 层的主楼建筑高度为 99.9 米，象征着 1999 年 9 月 9 日的非洲联盟日。整个建筑功能齐全，造型独特，设计方案以中国与非洲携手，共促非洲大陆腾飞为主题，外观造型极具震撼力和感染力。

主持设计这座大楼的同济大学建筑师任力之去过埃塞俄比亚很多次，他能感觉到当地的发展。造型多变、有玻璃幕墙的百米高楼非盟会议中心矗立在这个环境中，远远望去，如停驻在亚的斯亚贝巴上空的一艘巨型太空船。

这幢建筑中有能够容纳 2550 人的会议厅，另外还有购物中心、停机坪，以及为 700 人准备的办公设施。在过去的十年中，非洲国家的平均经济增长率为 5%。现在这幢设计别致的非盟总部标志着非洲自信心的加强。通过这幢 20 层高的摩登大楼可以感受到中国与非洲的友谊。

非洲联盟会议开幕式上，中方代表团长在讲话中强调一个平等的伙伴关系：中国支持非洲国家维护主权和独立，自主解决非洲问题，坚定的支持非洲国家自主选择的发展道路，坚持国家不分大小，一律平等，坚持反对以大欺小，以强欺弱，以富欺贫。

7.8　风格独特的大厦
——巴西国会大厦

　　巴西国会大厦矗立在巴西首都巴西利亚市的三权广场上，建于 1958—1960 年，设计者是巴西建筑师尼迈耶。在巴西灿烂的阳光下，它就像是一曲恢宏的乐章，自由自在地歌唱着，令人震撼。1987 年，联合国教科文组织将巴西利亚这座建都不到 30 年的城市列为世界文化遗产，这是世界

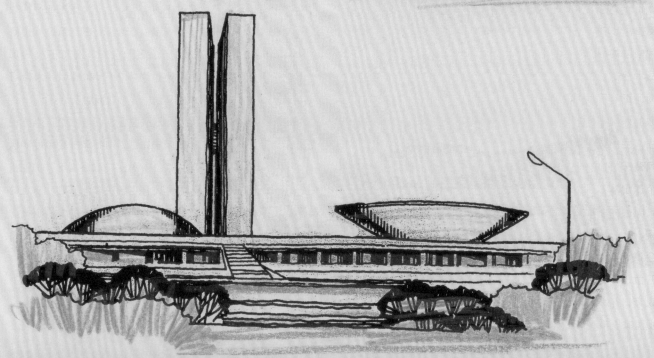

对巴西现代建筑设计的最高评价，作为巴西利亚最重要的公共建筑，巴西议会大厦也随之名扬天下。

大厦由两院会议厅和办公楼组成。前者为一个长240米、宽80米的扁平体，上面并置一仰一覆的两个碗形体，上仰的是众议院会议厅，下覆的是参议院会议厅。会议厅的后面是高27层的办公楼。这加强了垂直感，办公楼设计成并行的两条，平面和正立面都呈H形。整幢大厦水平、垂直的体形对比强烈，而用一仰一覆两个半球调和、对比，丰富建筑轮廓，构图新颖醒目。

在一个矮平的建筑物上有两个碗形屋顶，一个正放，一个反扣，分别为上、下议院的会场，其后是27层办公楼，为两片紧贴的板式建筑。整个议会大厦外形十分简洁，横与直、高与低、方与圆、正与反的强烈对比，给人以现代派的深刻印象。国会大厦的两座楼并立，中间有过道相连，呈H形。H是葡萄牙文人类的第一个字母，因此这个造型寓意以人为本和人类主宰世界。国会大厦前的平台上有两只硕大的碗，一只碗口朝上，是联邦众议院的会议厅，会在众议院开会时间向公众开放，一只碗口朝下，是参议院的会议厅，因为参议院审议的议题常常涉及国家机密。

大厦设计者尼迈耶，是一位著名的设计师，在里约热内卢出生。他曾经在里约热内卢国际美术学校上学，但是走上设计之路是源于他参与了里约热内卢教育卫生局的规划设计，并且在这次活动中认识了巴西未来的总统，这也是他成为巴西著名建筑师的因素之一。后来参与了巴西利亚总统官邸的建筑设计，参与了巴西利亚议会大厦的设计，还有巴西利亚最高法院以及巴西利亚总统府的设计，除了这些建筑物，他还参与了很多著名建筑物的规划设计。他参与了美国纽约的联合国总部大楼的设计规划。从这些建筑物的设计中就能看出尼迈耶对设计的狂热追求，在这些设计中，他巧妙地利用了物理上光影的交错，加上他在艺术学院所学到的绘画和雕塑的造诣，使这些建筑物不仅风格独特，艺术价值也很高。

参 考 文 献

[1] 吴焕加 . 20 世纪西方建筑名作 [M]. 郑州：河南科学技术出版社，1996.

[2] 乐嘉龙，等 . 中外著名建筑手绘图集 [M]. 北京：中国建材工业出版社，2005.

[3] 乐嘉龙 . 中外著名建筑 1000 例 [M]. 杭州：浙江科学技术出版社，1991.

[4] 彭一刚 . 建筑空间组合论（第三版）[M]. 北京：中国建筑工业出版社，2008.

[5] 田学哲，等 . 建筑初步（第二版）[M]. 北京：中国建筑工业出版社，1999.

[6] 乐嘉龙 . 建筑奇观 [M]. 武汉：湖北少年儿童出版社，1989.

[7] 乐嘉龙 . 21 世纪的琼楼玉宇 [M]. 合肥：安徽教育出版社，1998.